Adis Šahman

Digitale Transformation in traditionellen Produktionsunternehmen

Adis Šahman

Digitale Transformation in traditionellen Produktionsunternehmen

Herausforderungen, Beispiele und Chancen welche sich für Menschen und Unternehmen ergeben

Lehrbuchverlag

Imprint
Any brand names and product names mentioned in this book are subject to trademark, brand or patent protection and are trademarks or registered trademarks of their respective holders. The use of brand names, product names, common names, trade names, product descriptions etc. even without a particular marking in this work is in no way to be construed to mean that such names may be regarded as unrestricted in respect of trademark and brand protection legislation and could thus be used by anyone.

Cover image: www.ingimage.com

Publisher:
Der Lehrbuchverlag
is a trademark of
International Book Market Service Ltd., member of OmniScriptum Publishing Group
17 Meldrum Street, Beau Bassin 71504, Mauritius

Printed at: see last page
ISBN: 978-620-0-27097-9

Danksagung

Ich bedanke mich hiermit auf das allerherzlichste bei meinem Betreuer, Herrn Armin Schnürer, MSc, für die hervorragende Betreuung, das professionelle Feedback und die zahlreichen, am Punkt gebrachten Anmerkungen. Weiters möchte ich mich bei Prof. Dr. Dietmar Nedbal bedanken, welcher uns sehr gut durch die begleitende Lehrveranstaltung geführt hat und uns bei anfallenden Fragen stets unterstützt hat.

Mein Dank gilt auch unserer Studiengangsleitung FH-Prof. Mag. Dr. Gerald Petz, sowie seinen hilfsbereiten Studiengangsassistentinnen Frau Johanna Huber und Anita Stüger, welche uns weit über deren Aufgabengebiet während dieser drei Jahre unterstützt haben.

Zuallerletzt möchte ich mich bei meinen Kolleginnen und Kollegen, allen voran Herrn Philipp Steiner sowie Christian Öttl, welche mir eine schöne Zeit beschert haben und den Weg mit mir weiter beschreiten werden.

Inhaltsverzeichnis

Tabellenverzeichnis

Kurzfassung

Diese Arbeit setzt sich mit der digitalen Transformation in traditionellen Industrieunternehmen auseinander und betrachtet dieses Phänomen entlang der Wertschöpfungskette. Die digitale Transformation ist weit verbreitet und fast alle Berufstätigen sind davon betroffen, doch nur die Wenigsten wissen, worum es sich bei diesem Thema handelt. Sehr häufig erlebt man Verunsicherung bei Kolleginnen und Kollegen, wenn dieses Thema zur Sprache kommt. Viele setzten digitale Transformation mit gänzlich autonomen operierenden Produktionsbetrieben gleich. Insbesondere Personen, die auf der operativen Ebene tätig sind, fühlen sich ggf. bedroht und fürchten um ihren Arbeitsplatz. Dass ebendiese Personen häufig ihre Angst vor dieser Veränderung verlieren oder diesem Thema offener gegenüberstehen, sobald ihnen Wichtigkeit, Bedeutung und Ausmaß verständlich erläutert werden, ist derweil ebenfalls oft zu beobachten. Die gegenständliche Arbeit soll insofern Grundlagen und Basiswissen der digitalen Transformation in einer verständlichen und übersichtlichen Form vermitteln.

Die Arbeit umfasst drei Haupte. Das zweite Kapitel enthält den konzeptionellen Teil. Hier werden die fünf gewählten Bereiche der Wertschöpfungskette beschrieben: Digitalisierung der Geschäftsprozesse, Produktion, Beschaffungsseite, Produktionsunterstützungsprozesse sowie der Absatzseite und der Kundenbetreuung. Jeder Bereich wird in einem gesonderten Unterkapitel mit folgenden Schwerpunkten besprochen: Grundlagen und Begriffserklärungen, Möglichkeiten für die digitale Transformation, Risiken der Digitalisierung sowie Chancen und Handlungsempfehlungen.

Die Forschungsfragen dieser Arbeit werden mittels einer Literaturrecherche beantwortet. Die wichtigsten Erkenntnisse dieser Arbeit besagen, dass neue Technologien in Zukunft für Unternehmen überlebenswichtig sein werden. Die digitale Transformation soll nicht nur einen Mehrwert für das Unternehmen generieren, sondern auch auf die Kundenbedürfnisse ausgerichtet werden. Moderne, informationstechnologiegestützte Systeme bringen grundlegende Veränderungen mit sich. Organisationen müssen damit rechnen, dass möglicherweise langjährig aufgebaute Geschäftsprozesse, die die jeweiligen Unternehmen erfolgreich gemacht haben, durch neue Praktiken zu ersetzen sind, um in Zukunft konkurrenzfähig zu bleiben.

Executive Summary

This paper deals with digital transformation in traditional industrial companies, observed along the value chain. Digital transformation is an omnipresent phenomenon, and while virtually all employees are affected by it, not everyone knows exactly what it is. Moreover, employees are frequently placed in an uncertain position when this topic comes up for discussion. Many equate digital transformation with a manufacturing process that runs completely autonomously. Employees feel threatened by digital transformation and even fear for their jobs – especially those who work at the operational level. It is frequently the case that these same employees become less fearful and more open to the topic once the importance, meaning, and extent of digital transformation are explained to them in an understandable way. The objective of this paper, therefore, is to convey a basic fundamental knowledge of digital transformation in a clear and understandable way.

This paper consists of three main parts. The first chapter deals with the introduction, problem definition, composition, and structure. The second chapter contains the conceptual part and examines the following five selected areas of the value chain: digitalization of business processes, manufacturing, procurement, support cost centers, and sales and customer support. Each of the abovementioned areas has been divided into the following subchapters for the purposes of clarity: basics and explanations of terms, possibilities for digital transformation, risks of digitalization, and opportunities and recommendations for action.

The research question of this thesis is answered on the basis of literature research. The most important findings of this paper are as follows. New technologies will be essential for the survival of companies in the future. Digital transformation should not only generate added value for the company itself, but should also be focused on customer needs. Modern systems supported by information technology result in fundamental changes. Organizations will have to face the fact that, in order to remain competitive in the future, long-standing business processes that have made companies successful will have to be replaced by new practices.

Personenbezogene Bezeichnungen

Sämtliche personenbezogene Bezeichnungen in diesem Dokument sind geschlechtsneutral zu verstehen. Sie werden aus Gründen der Kürze und besseren Lesbarkeit verwendet und drücken damit keinerlei Geschlechterpräferenz aus.

1 Einleitung

Digitale Transformation ist weit verbreitet. Zugleich können sich viele Menschen nur wenig darunter vorstellen. Was bedeutet die digitale Transformation für deren beruflichen Alltag und welche Veränderungen bringt diese mit sich? Häufig fühlen sich Mitarbeiter speziell auf der operativen Ebene davon bedroht und setzen die Digitalisierung annähernd mit vollautomatischen bzw. gleichsam autonom laufenden Fertigungsbetrieben gleich. In traditionellen Industrieunternehmen mit teilweise stark veralteten Strukturen und Denkmustern ist die Ungewissheit in Bezug auf zukunftsorientierte, technologiegetriebene Arbeitsmethoden oftmals größer als bei neuen, zugleich mit den Technologien und der Digitalisierung entstehenden Betrieben.

Die digitale Transformation drängt Personen vermehrt dazu, sowohl im Privaten als auch Berufsumfeld, digitale Endgeräten zu benutzen. Dies bedeutet nicht selten einen Wandel der gewohnten manuellen Umgebung hin zu einer digitalisierten, stets verfügbaren Einheit, was wiederum viele Möglichkeiten, aber auch Gefahren mit sich bringt. Für Besitzer, Vorgesetzte und Mitarbeiter von Unternehmen bringt diese Veränderung viele neue, zu bewältigenden Aufgaben mit sich.[1] Der Industriesektor ist für die Wirtschaft der Europäischen Union von größter Bedeutung und auch zukünftig ein Motor für Wachstum und Beschäftigung. Die Umwandlung in den Fertigungsbereichen erfolgt durch die Verarbeitung von Rohmaterialien zu fertigen Produkten. Im Jahr 2012 hat sich die Kommission der Europäischen Union das Ziel gesetzt, die Wertschöpfung produzierender Gewerbe bis zum Jahr 2020 auf 20% zu heben. Diese sogenannte Vision 2020 sowie die Strategiepläne dafür wurden von der Plattform ManuFuture entwickelt. Die geschätzte jährliche Effizienzsteigerung, die durch Industrie 4.0 in produzierenden Gewerben erreicht werden kann, liegt laut ManuFuture zwischen 6 und 8%.[2] Mit der flächendeckenden Verfügbarkeit digitaler Technologien und Anwendungen werden immer mehr Projekte im Bereich der Digitalisierung gestartet, um diese neuen Technologie zu implementieren. Digitale Transformation ist ein Ansatz, der durch zunehmende Verwendung von neuen Technologien interne wie auch externe Prozesse und Funktionen grundlegend verändert.[3] In den letzten Jahren wurde die digitale Transformation als strategisches Konzept für Unternehmen aller Branchen angekündigt. Das Internet der Dinge stellt die wohl greifbarste Form dar, indem es auf die Digitalisierung von kundenorientierten Endprodukten und Dienstleistungen ausgerichtet ist. Die vermehrte Integration von Software in physische Produkte und die damit verbundene Vernetzung von intelligenten Produkten, Maschinen und Anlagen führt zur Umwandlung der produktionsorientierten in eine serviceorientierte Wertschöpfung.[4]

---

[1] Vgl. Appelfeller/Feldmann, (2018) S. 5

[2] Vgl. Fernández-Miranda u.a. (2017), S. 1.233

[3] Vgl. Kohnke (2017), S. 71

[4] Vgl. Holzhauser/Schalla (2017), S. 273

Unternehmen, die diese bevorstehenden Umstellungen unterschätzen, droht ein Überholen durch die Konkurrenz. Nicht wenige Traditionsunternehmen waren in der jüngeren Vergangenheit nicht mehr wettbewerbsfähig. Eine der größten Herausforderungen für etablierte Unternehmen betrifft neben den technischen Fragen die Mitarbeiter. Einerseits soll auch in Umstellungsphasen die Abarbeitung der täglichen Aufgaben erfolgen; andererseits müssen die Menschen auf die neu zu leistenden Dinge vorbereitet werden.

Die gegenständliche Arbeit soll allen betroffenen Personen als probate Grundlage für die digitale Transformation dienen. Die gesamte Wertschöpfungskette vom Lieferanten bis zum Kunden wird erläutert. Welche Chancen sich in welchen Bereichen ergeben, was bedacht werden soll und welche Risiken dabei entstehen können, wird gleichfalls thematisiert.

1.1 Problemstellung

Industrie 4.0 hat das Potential, etablierte Geschäftsmodelle in Frage zu stellen und Unternehmen zu zwingen, ihre Ansätze zu überdenken, zu verbessern oder zu verfeinern. Angetrieben von signifikanten Fortschritten auf dem Gebiet der Computer-Performance, Nanoelektronik und Kommunikationsinfrastruktur haben viele digitale Technologien ein Preis-, Leistungs- und Robustheitsniveau erreicht, durch das Anwendungen in der Industrie zunehmend attraktiver werden.[5] Die Herausforderungen für traditionelle Unternehmen liegen aufgrund der hohen Erwartungen unter anderem darin, ihre bestehende Informationstechnologiestruktur mit einer mobilen App orientierten Umgebung zu verbinden.[6] Die Auswirkungen der digitalen Transformation sind teilweise so gravierend, dass Unternehmen aus allen Branchen begonnen haben, ihre Geschäftsmodelle und Produktionsprozesse zu überdenken. In der Fertigungsindustrie spielen die traditionellen Entwicklungen und Herstellungen von Sachgütern, die Bereitstellungen von Dienstleistungen sowie Wartungen und Reparaturen in Bezug auf die Geschäftsstrategie keine so signifikante Rolle, wie es derzeit – bedingt durch die neuen Technologien – der Fall ist. Da die integrierte Digitalisierung voraussichtlich ähnlich weitreichende Auswirkungen wie die industrielle Revolution im 19. Jahrhundert haben wird, stellt sich für produzierende Unternehmen nicht nur die Frage, wie sich die Produkte in einer digitalen Welt verändern werden, sondern auch, welche Herausforderungen dabei für die Organisation von Arbeits- und Produktionsprozessen entstehen.[7] Die Digitalisierung des Administrationsbereiches ist für heutige Unternehmen unumgänglich und sollte daher nicht nur als Möglichkeit angesehen werden. Organisationen müssen schnell handeln, um wettbewerbsfähig zu bleiben.[8]

[5] Vgl. Bock (2017), S. 56
[6] Vgl. Winkelhake (2018), S. 53
[7] Vgl. Stary/Neubauer (2017), S. 13
[8] Vgl. Morabito (2014), S. 159

1.2 Zielsetzung und Motivation

Diese Arbeit beschäftigt sich mit der digitalen Transformation in traditionellen Industrieunternehmen entlang der Wertschöpfungskette. Sie soll Grundlagen und Basiswissen zu diesem Thema in übersichtlicher Form vermitteln. Mittels Betrachtung von Lieferantenkette, Geschäftsprozessen, Produktion und firmeninternen Aufgabengebieten sowie Kundenanbindung und Kundennachbetreuung sollen die wichtigsten Bereiche berücksichtig werden. Die dabei formulierten und erklärten Teilgebiete wie auch die verwendeten Fachbegriffe sollen einen adäquaten Überblick über die digitale Transformation in traditionellen Industrieunternehmen bieten.

Die Motivation für diese Arbeit habe ich hauptsächlich durch meinen beruflichen Alltag bekommen. Nahezu täglich erlebe ich teils ängstliche Unsicherheit bei vielen Kolleginnen und Kollegen, sobald Begriffe wie Digitalisierung, Automatisierung, Industrie 4.0 oder auch Digitale Transformation erwähnt werden. Dass die Verunsicherung der Betreffenden stark abnimmt, sobald ihnen diese Dinge in verständlicher Weise erklärt werden und die deren Wichtigkeit erläutert werden, ist gleichfalls häufig. Daher habe ich mich entschlossen, diese Arbeit zu verfassen. Sie soll Verunsicherten, die nicht genau wissen, was diese Begriffe bedeuten oder was auf sie zukommt, die Sorge davor nehmen und Grundlagen an Wissen für die digitale Transformation bieten. Des Weiteren soll diese Arbeit als Denkanstoß für veraltete Denkmuster dienen sowie Menschen dazu ermutigen, sich einzubringen und sich gegenüber diesem enorm wichtigen wie auch zukunftsweisenden Thema zu öffnen.

1.3 Fragestellung

Im Rahmen dieser Arbeit wird untersucht, welche Chancen und Risiken für traditionelle Produktionsunternehmen durch die digitale Transformation entstehen können. Die Ausarbeitung mittels Literaturrecherche soll folgende zentrale Fragestellung beantworten:

Welche Chancen und Risiken können sich für traditionelle Produktionsunternehmen durch die digitale Transformation ergeben?

Um diese Forschungsfrage beantworten zu können, müssen zunächst definierte Subforschungsfragen behandelt werden. Diese lauten wie nachfolgend angegeben.

Subfrage 1: Welche Chancen, Risiken und Herausforderungen können sich durch die digitale Transformation bei Geschäftsprozessen ergeben?

Subfrage 2: Welche Chancen, Risiken und Herausforderungen können sich durch die digitale Transformation in der Beschaffungskette ergeben?

Subfrage 3: Welche Chancen, Risiken und Herausforderungen können sich bedingt durch die digitale Transformation in der Produktion ergeben?

Subfrage 4: Welche Chancen, Risiken und Herausforderungen können sich durch die digitale Transformation bei Produktionsunterstützungsprozessen ergeben?

Subfrage 5: Welche Chancen, Risiken und Herausforderungen können sich durch die digitale Transformation auf der Absatzseite und bei der Kundenbetreuung ergeben?

1.4 Methodik

Die Beantwortung der Forschungsfragen dieser Arbeit erfolgte mittels Literaturrecherche. Eine strukturierte Erhebung der verfügbaren Literatur bildet somit die Grundlage der Ausarbeitung, um eine hierauf aufbauende und auf die Fragestellung abgestimmte Literatursammlung zu generieren[9]. Um qualitativ ausreichende Literatur zu identifizieren, wurden die Bibliotheken der Fachhochschule Steyr sowie der Johannes-Kepler-Universität Linz genutzt. Des Weiteren wurden nationale und internationale Datenbanken wie IOP Science, ScienceDirect College Edition, SpringerLink Portal, ACM Digital Library oder auch AMBOSS für die Recherche herangezogen. Um beispielsweise die Relevanz eines Themas zu verdeutlichen, werden geprüfte Grafiken von Statistiken verwendet. Bei der Literatur selbst kann es sich um Bücher in gedruckter oder digitaler Form, Fachliteratur aus anderen Quellen oder auch Interview-Ausschnitte aus Magazinen handeln. Um mit Blick auf die Methodik eine hinreichende Nachvollziehbarkeit zu gewährleisten, werden im Folgenden sowohl das jeweilige Rechercheziel als auch die verwendeten Suchbegriffe tabellarisch aufgeführt.

[9] Vgl. Beek u.a. (2018), S. 58

THEMENGEBIET	SUCHBEGRIFFE
DIGITALE TRANSFORMATION	Digitale Transformation, digital transformation, Industrie 4.0, industry 4.0, Digitalisierung in Produktionsbetrieben, digitalisation, digitalization, digital transformation in manufacturing, Digitalisierung in traditionellen Unternehmen, digitalization of global players
GESCHÄFTSPROZESS	business process, business process modelling, digitalisation of business process, digitalization of business process, digital business process, BPM, impact of digital business process, business transformation, change management
BESCHAFFUNGSKETTE	digital supply chain, supply chain management, just in time, supply chain, push – pull, manufacturing supply chain, digitalization of supply chain, digitalization of supply chain, supply chain and industry 4.0
PRODUKTION	industry 4.0, Industrie 4.0, digital manufacturing, smart products, erp, sap, digitalisation of production, digitalization of production, automotive industry, digitalization in automotive industry, enterprise resource planning, IoT, internet of things
PRODUKTIONSUNTERSTÜTZUNGS - PROZESSE	enterprise resource planning, support cost center, erp-system, digital support center of manufacturing, support center of production, work preparation, digital work preparation, big data, internet of things
ABSATZSEITE UND KUNDENNACHBETREUUNG	sell side, crm, customer relationship management, customer relationship management system, PLM, Product Lifecycle Management, social media influence on sell side, social media for customer relation

Tabelle 1: Suchbegriffe nach Themengebieten

1.5 Aufbau und Struktur

Die vorliegende Arbeit gliedert sich in drei Hauptteile. Im ersten Kapitel werden die Brisanz des behandelnden Themas, die Herangehensweise sowie die Zielsetzung beschrieben.

Das zweite und umfangreichste Kapitel dieser Arbeit bildet den konzeptionellen Teil. Hier werden die einzelnen Teilgebiete in je vier Unterpunkte gegliedert. Im ersten Punkt werden relevante Themen und Fachbegriffe beschrieben. Anschließend werden die Möglichkeiten erläutert, die die digitale Transformation im jeweiligen Teilbereich mit sich bringt. Da falsche Entscheidungen oder Herangehensweisen gravierende Folgen haben können, wird im dritten Unterpunkt auf die Risiken eingegangen. Das vierte dieser Teilgebiete umfasst jeweils die Chancen, die durch die Digitalisierung entstehen. Es bietet ferner Handlungsempfehlungen dazu, wie angegangen oder umgesetzt werden kann.

Im dritten Kapitel werden die Forschungsfragen wiederholt und beantwortet; zudem wird der gesamte konzeptionelle Teil zusammengefasst. Hierbei sollen die wichtigsten Erkenntnisse herausgehoben werden. Abschließend wird die kritische Würdigung zur Arbeit präsentiert und die Limitationen werden besprochen.

1.6 Konzeptioneller Teil und Begriffserklärungen

Diesem Teil der Arbeit können die wichtigsten Begriffe und deren Erläuterungen entnommen werden. Besprochen werden die wesentlichsten Termini, die zum besseren Verständnis des Arbeitstitels beitragen sollen. Fachspezifische Bezeichnungen, die zu den einzelnen Teilbereichen gehören, werden jeweils in diesen beschrieben und tituliert.

1.6.1 Digitale Transformation

Die Implementierung von Technologien ist ein Teilbereich der digitalen Transformation von Unternehmen. Die Technologien sollen einen Mehrwert für Kunden, Unternehmen sowie andere wichtige Akteure schaffen.[10] Die digitale Transformation schafft neue Dimensionen für die Nutzung digitaler Geräte und Systeme innerhalb und außerhalb von Unternehmen.[11] Branchenexperten und Fachleute empfehlen, sie zu einem integrierten Bestandteil aller Geschäftsstrategien zu machen. Zahlreiche Unternehmen führen dazu neue Fachabteilungen ein und engagieren Spezialisten. ‚Digitalisierung' meint dabei die Vernetzung aller wirtschaftlichen und gesellschaftlichen Bereiche. Darüber hinaus besteht die Möglichkeit, mittels Digitalisierung alle relevanten Informationen festzuhalten und zu analysieren, um anschließend Handlungen abzuleiten.[12] Der digitale Umbruch erfährt im Ganzen durch die technologische Weiterentwicklung eine zunehmende Beschleunigung. Derzeit werden pro

---

[10] Vgl. Schallmo/Williams (2018), S. 4

[11] Vgl. Bounfour (2016), S. 20

[12] Vgl. Schallmo/Williams (2018), S. 7 ff.

Sekunde im Mittel mehr Daten im Internet verbreitet als vor 20 Jahren netzweit verfügbar waren. Fahrzeuge können sich autonom weiterbewegen und sind dabei sicherer unterwegs, als würden sie durch einen Menschen gelenkt.[13] Bei der digitalen Transformation handelt es sich für Unternehmen nicht um eine einmalige Implementierung einer Software oder anderer Computertechnologien. Es geht vielmehr um das eigene Überleben. Wettbewerber stehen durch sie vor grundlegenden Veränderungen ihrer Geschäftsprozesse und vor der Einführung teils gänzlich neuer Produkte. Dies erfordert Umstellungen im gesamten Unternehmen, in der Organisation und der Unternehmenskultur.[14]

1.6.2 Traditionelle Produktionsunternehmen

Als traditionelle Produktionsunternehmen wurden in der vorliegenden Arbeit Unternehmen definiert, die seit mindestens drei Jahrzehnten auf dem Markt aktiv sind. Bei diesen Betrieben bestehen oftmals veraltete Strukturen, Technologien sowie Denkmuster. Gerade sie stehen damit vor großen zu bewältigenden Veränderungen und Herausforderungen. Für bestehende und zum Teil seit Jahrzehnten bewährte Methoden und Produkte in Traditionsunternehmen ist die Einführung neuer Erlösmodelle wahrscheinlich eines der entscheidenden Kriterien für den eigenen Fortbestand. Parallel zu den Veränderungen des Konsumentenverhaltens, das vielfältiger, individueller und anspruchsvoller wird, gibt es auch einen Wandel in der Korrelation zwischen Produktion und Handel. Die Herstellung wird weniger preisintensiv, der Verkauf hingegen teurer. Der Anteil der Produktionskosten, gemessen am Verkaufspreis der Ware, nimmt ab. In mehreren Branchen ist der Einzelhandelspreis fünf- oder zehnmal höher als die Produktionskosten; zugleich ist ein zwei- bis dreimaliger Aufschlag beinahe üblich. Die neuen Ertragsmodelle zeichnen sich auch in strikt traditionellen wirtschaftlichen Logiken ab. So werden heutzutage Waren bereits lange vor dem Ende ihrer tatsächlichen Gebrauchstauglichkeit nicht mehr verwendet. Die moralische Entwertung hat die tatsächliche physische abgelöst. Die Waren werden nicht zur Gänze genutzt und obwohl sie lange Zeit im Einsatz bleiben könnten, werden sie ersetzt, wenn sie nicht mehr als modern genug angesehen werden. Ein weiteres Zeichen der Zeit ist, dass in der Vergangenheit der Wert der meisten Waren anhand von Indikatoren wie Gewicht, Größe oder Leistung relativ exakt bewertet werden konnte. Heute gibt es demgegenüber mehr Produkte aus der Kategorie der Erlebnisgüter, die zuerst erworben und verwendet werden müssen, bevor Käufer in der Lage sind, zu erkennen, ob sie sie tatsächlich benötigen.[15]

---

[13] Vgl. Twisselmann/Hilgenberg (2019), S. 3
[14] Vgl. Winkelhake (2018), S. 204
[15] Vgl.Dolgin (2012) S. 5 ff.

2 Digitale Transformation in traditionellen Produktionsunternehmen

In diesem Teil der Arbeit, dem eigentlichen Hauptteil, werden die Möglichleiten und Risiken der digitalen Transformation entlang der Wertschöpfungskette betrachtet. Hierbei werden die folgenden Bereiche analysiert: Geschäftsprozesse, Beschaffungskette, Produktion, Produktionsunterstützungsprozesse sowie Absatzseite und Kundenbetreuung. Zwecks Übersichtlichkeit werden diese fünf Begriffe in vier Punkte unterteilt:

- Grundlagen und Begriffserklärungen
- Möglichkeiten für die digitale Transformation
- Risiken der Digitalisierung
- Chancen und Handlungsempfehlungen.

2.1 Digitalisierung der Geschäftsprozesse

Um die Wertschöpfungskette identifizieren, planen und steuern zu können, werden definierte Geschäftsprozesse benötigt. Was dahingehend auf traditionelle Produktionsunternehmen zukommt und wie diese damit umgehen könnten, wird im vorliegenden Bereich dargelegt. Da es in dieser Arbeit nicht nur um Risiken und Möglichkeiten für die digitale Transformation geht, sind unter Punkt 2.1.4 die Chancen und Handlungsempfehlungen aufgeführt. Hauptsächlich handelt es sich in diesem Bereich um die digitale Darstellung oder Visualisierung von Geschäftsprozessen.

2.1.1 Grundlagen und Begriffserklärungen

Dieser Bereich der Arbeit thematisiert besonders wichtige Begriffe aus den darauffolgenden Abschnitten. Diese Begriffserklärungen sollen besseres Verständnis für die anschließenden Passagen vermitteln. Die gewählten Begriffe für diesen Abschnitt lauten Geschäftsprozess und Business Process Reengineering.

2.1.1.1 Geschäftsprozess

Ein Geschäftsprozess ist eine Ansammlung geordneter Aufgaben, die ausgeführt werden müssen, um ein bestimmtes, zuvor definiertes Geschäftsziel wie beispielsweise die Produktion einer Ware oder einer Dienstleistung zu erreichen. Die Aufgaben in einem Geschäftsprozess können sowohl von einem Menschen als auch automatisch von einem Informationstechnologiesystem ausgeführt werden. Ein Geschäftsprozessmanagement legt den Fokus auf die Automatisierung und Optimierung der Prozesse sowie auf die Unterstützung der menschlichen Interaktion durch den Einsatz von Informationstechnologien.[16] Geschäftsprozesse haben die Aufgabe, sich um Produkte und Dienstleistungen zu kümmern. Hierbei müssen sowohl externe als auch interne Kunden berücksichtigt werden. Die

[16] Vgl. Gerth (2013), S. 1

Berücksichtigung Letzterer soll sicherstellen, dass ein reibungsloser Informationsfluss zwischen allen Bereichen besteht.[17]

2.1.1.2 Business Process Reengineering (Deutsch: Geschäftsprozess-Neugestaltung)

Business Process Reengineering bezweckt, von den bestehenden Prozessen abzuweichen und neue Formen der Organisation von Aufgaben, der Organisation von Menschen sowie der Nutzung von Informationstechnologien zu finden, damit die daraus resultierenden Prozesse die Ziele der Organisation besser unterstützen können. Dies erfolgt mittels Identifizierung und Analyse der kritischen Geschäftsprozesse sowie deren Neugestaltung zur Verbesserung der Effizienz und des Mehrwertes.[18] Das Business Process Reengineering bestimmt damit die Veränderung organisatorischer Funktionen aus einer operativ orientierten Ausrichtung durch einen multidimensionalen Ansatz. Mitarbeiter, die früher hauptsächlich Ausführende waren, sind damit zu stärker eigenständigem Handeln gehalten, sodass die Fachabteilungen ihre Geschäftsgrundlage verlieren. Führungskräfte agieren nicht nur als Vorgesetzte, sondern auch als Mentoren, während sich die Mitarbeiter mehr auf die Kundenbedürfnisse als auf ihre Führungsebene konzentrieren. Unter diesen Bedingungen sind neue organisatorische Ansätze erforderlich, zuvorderst jener der sogenannten lernenden Organisation. Bei der Neugestaltung der wirtschaftlichen Prozesse und der Förderung eines neuen Organisationsparadigmas und diese implementieren zu können, spielt die Informationstechnologie eine entscheidende Rolle.[19]

2.1.2 Möglichkeiten der digitalen Transformation

Eine sinnvolle Möglichkeit für die Evaluierung der bestehenden oder geplanten Geschäftsprozesse – und zugleich ein wesentlicher Bestandteil der digitalen Transformation von Geschäftsprozessen – ist die Modellierung. Bei der Entwicklung oder Verbesserung von Informationssystemen müssen die unterschiedlichen beteiligten Abteilungen und Personen Einblicke in die bevorstehenden Prozesse erhalten und sehen, wie diese unterstützt werden können oder sollen. Modelle können hierbei verwendet werden, um Anforderungen zu diskutieren, Designentscheidungen zu unterstützen oder Annahmen zu erwägen. Darüber hinaus liefert der Modellierungsprozess selbst in der Regel neue und wertvolle Erkenntnisse, da der Modellierer angehalten ist, bestimmte Aspekte in der Darstellung zu verdeutlichen.[20] Angesichts der enormen Zunahme der Komplexität und Dynamik moderner Unternehmensumgebungen werden leistungsstarke Analysewerkzeuge benötigt, die alle relevanten Aspekte berücksichtigen bzw. abgleichen und in eine Komplettlösung umwandeln.[21] Neben

[17] Vgl. Ganesh u.a. (2014), S. 6 f.
[18] Vgl. Oberoi (2013), S. 295
[19] Vgl. Luca (2014), S. 233
[20] Vgl. Aalst, 2010, S 5
[21] Vgl. Doleski (2015), S. 8

den technischen Aspekten werden bei einer Modellierung gleichermaßen auch alle Interaktionen mit anderen beteiligten Akteuren berücksichtigt.[22] Mit dem Prozesselementen können alle Aktivitäten im integrierten Geschäftsmodell analysiert, optimiert und dokumentiert werden, die direkt oder indirekt zum Output beitragen und damit Mehrwert schaffen. Dieses Kernelement ermöglicht folglich detaillierte Analysen und Beschreibungen von Prozessen und Aktivitäten, die ein Geschäftsmodell gleichsam ‚zum Leben erwecken' und den Rahmen für die Generierung vom Umsatz nach dem Gewinnprinzip bilden. Die das Geschäftsmodell bestimmenden Geschäftsprozesse müssen immer so gestaltet sein, dass sie Ergebnisse liefern, die den Bedürfnissen von Kunden und Geschäftspartnern am besten gerecht werden.[23] Automatisierung kann Unternehmen gänzlich neue Ansätze bzw. Modifizierungen ihrer Geschäftsprozesse ermöglichen. An automatisch laufenden Prozessen können etwa Echtzeitanalysen durchgeführt werden, was ggf. zu einer Verbesserung der Produktivität führt. Enterprise-Resource-Planning-Systeme ermöglichen ferner eine Individualisierung bei der Integration automatischer Geschäftsprozesse.[24]

2.1.3 Risiken der Digitalisierung

Aufgrund der Vielfalt an Kundenbedürfnissen und der Notwendigkeit, sich an unterschiedliche Umgebungen anzupassen, muss die Interaktion mit den Kunden bei der Bestellung neuer Einheiten betont flexibel sein und einen hohen Grad an Individualisierung ermöglichen. Darüber hinaus gibt es Produkte, die für Einzelkunden individualisiert und entwickelt wurden. Daher benötigen die Unternehmen Methoden und Werkzeuge, um die hohen Anforderungen der Endkunden zu erfüllen und die Kommunikation zwischen relevanten Interessensgruppen, die am Wertschöpfungsprozess beteiligt sind – einschließlich Kunden und sonstigen Dienstleistern – zu verbessern.[25] Die Entwicklung von Informationstechnologien hat enormes Potential zur Steigerung der Unternehmenseffizienz und Produktivität geschaffen; zugleich wurden das weithin geltende Verständnis und der Ansatz zur Lösung alltäglicher Aufgaben verändert. Zu fragen ist stets, ob Menschen die neuesten Technologien sinnvoll einsetzten bzw. was getan werden muss und ob sie auf neue Entwicklungen angemessen eingehen, während sie sie zugleich angemessen hinterfragen. Investitionen in die Informationstechnologien allein liefern jedoch keinen verbindlichen und erwarteten Erfolg. Es existieren viele Beispiele aus der Praxis, bei denen Unternehmen nach hohen Investitionen in den Informationstechnologiesektor oftmals, statt positive Ergebnisse zu bewirken, eher stagnierten und damit ernsthafte Geschäftsprobleme verursachten. Der Übergang zu neuen Technologien ist indessen mit einer Reihe von Herausforderungen und Risiken verbunden. Unzureichende und schlecht geplante Umsetzung ist die häufigste Ursache für negative Ergebnisse. Falls die positiven Effekte auf die Geschäftsprozesse auch

[22] Vgl. Neubauer/Stary (2017), S. 4
[23] Vgl. Doleski (2015), S. 26
[24] Vgl. Ganesh u.a. (2014), S. 26
[25] Vgl. Grösser u.a. (2017), S. 11

über einen längeren Zeitraum hinweg ausbleiben, kann von einer negativen Investition gesprochen werden, denn ernsthafte Investitionen in Informationstechnologien sind niemals zu vernachlässigen.[26] Implementierung, Ausführung und Kontrolle von Prozessentwürfen sind zeitintensiv, da es in der Regel lange dauert, alle relevanten Informationen zu sammeln. Darüber hinaus besteht bei fehlenden oder fehlerhaften Prozessbeschreibungen ein hohes Risiko durch Widersprüche zwischen den Modellabsichten und den implementierten Prozessen.[27] Wenn mehrere Hunderte oder Tausende von Prozessinstanzen ihre eigenen Konversationen mittels Interprozesskommunikation führen, müssen sich Designer mit der Tatsache auseinandersetzen, dass sich Informationen möglicherweise kreuzen und ggf. verlorengehen.[28]

2.1.4 Chancen und Handlungsempfehlungen

Die strategische Planung von Informationssystemen sollte den Hauptzielen des Unternehmens, wie der Steigerung der Rentabilität, der Gewinnung und Bindung von Kunden und der Steigerung der Qualität von angebotenen Dienstleistungen, untergeordnet werden. Um diese Ziele zu erreichen, sollte durch die Maßnahmen ein prozessorientierter Ansatz des Unternehmens erreicht werden.[29] Eine Neugestaltung der Geschäftsprozesse beginnt mit einer Überblickbeschaffung und Bewertung der Unternehmensmission, der strategischen Ziele und der Bedürfnisse aller unternehmensinternen Klienten. Der Prozess selbst, die Informationsbedürfnisse sowie die Technologiebedürfnisse sind voneinander abhängig. Wenn der Neugestaltungsprozess neue Informationsanforderungen festlegt, so müssen möglicherweise neue Technologien in den Betriebsprozess eingeführt werden, welche diese Anforderungen unterstützen. Die Technologie selbst ermöglicht diesen Prozess, ist aber kein Ersatz dafür. Einführung neuer Technologien mit der Überzeugung, dass dies zu Innovationen in einem spezifischen Prozess führt, ist ein typisches Beispiel für schlechte Investitionen in Informationssysteme. Da das Business Process Reengineering eine große Anzahl an Einflussfaktoren aufweist, ist vor Beginn zu klären, was erreicht werden soll. Das Management muss rechtzeitig Vorbereitungen treffen, um die Ziele anzupassen und die Zuständigkeiten zu definieren.[30] Automatisierung kann bei Rechnungserstellung, Bestellabwicklung und ähnlichen Tätigkeiten helfen. Derartige Aktivitäten, die früher manuell durchgeführt werden mussten, sind zur Gänze automatisierbar. Durch die Automatisierung entstehen für Unternehmen Zeiteinsparungen, die beispielsweise für produktivere Tätigkeiten frei werden. Automatische Abwicklungen von Geschäftsprozessen können in unterschiedlichen Bereichen erfolgen und Durchlaufzeiten verkürzen, was sich wiederum positiv auf die Erfüllung der Kundenbedürfnisse auswirkt. Die Informationstechnologien haben in

[26] Vgl. Stojanovic (2017), S. 81
[27] Vgl. Kirchmer (2017), S. 16
[28] Vgl. Aldred (2010), S. 504
[29] Vgl. Luca (2014), S. 235
[30] Vgl. Stojanovic (2017), S. 82

vielen Unternehmen große Reichweite erzielt. Ohne die Unterstützung dieser Technologien könnten viele Geschäftsprozesse heute nicht wirtschaftlich abgewickelt werden. Aus diesem Grund ist die sorgfältige und bedarfsgerechte Abbildung von Prozessen in den Informations- und Kommunikationstechnologien eine wichtige Maßnahme. Dies gilt sowohl für involvierte Mitarbeiter als auch für Betriebe, in denen ein hoher Grad an Automatisierung angestrebt wird. Eine geeignete und gut funktionierende Software-Umgebung spielt dabei eine bedeutende Rolle. Herausfordernd ist jedoch in vielen Fällen, eine bestehende heterogene System- und Servicelandschaft zu schaffen, in der jede Teilkomponente spezifische Aufgaben übernimmt und für die alle diese Komponenten in eine Gesamtlösung integriert werden müssen, damit eine angemessene Prozessunterstützung gewährleistet werden kann.[31]

2.2 Digitalisierung in der Beschaffungskette

Beschaffungsmanagement als eine der wichtigsten Aufgaben der produzierenden Unternehmen wird auch künftig von Bedeutung sein, wenn perspektivisch fast alles über das Internet mit nahezu allem verbunden sein wird. Einmal installiert, wird dieser weltweite Verbund dank Sensoren, Robotertechnik, 3D-Druck und künstlicher Intelligenz zunehmend ‚klüger' werden.[32]

2.2.1 Grundlagen und Begriffserklärungen

In diesem Bereich der Arbeit werden besonders relevante Begriffe erklärt. Dies soll die Lesbarkeit und den Lesefluss im anschließenden Abschnitt erleichtern. Die ausgewählten Begriffe sind in diesem Fall Big Data, Cognitive Computing sowie Internet der Dinge.

2.2.1.1 Big Data

Die Verschmelzung von Maschinen-, Personen- und Organisationsdaten prägt das Zeitalter von Big Data. Deren Ziel ist es, umsetzbare und begründete Entscheidungen zu fördern und zu entwickeln. Die Big-Data-Lösungen bieten Leistungsmerkmale und Funktionen zur Integration und Nutzung unstrukturierter Daten im Zusammenspiel mit den operativen Transaktionsdaten, um aufschlussreiche Aktionen zu ermöglichen.[33] Die Digitalisierung der betrieblichen Prozesse hängt von den Vorteilen ab, die sich aus Big Data ergeben. Unternehmen können aufgrund dessen beispielsweise gezieltere Marketingkampagnen durchführen. Die Analyse großer Datenmengen ermöglicht personalisierte Werbung und Kommunikation sowie eine angemessene Anpassung von Preismodellen, basierend auf einer Beurteilung von Daten aus mehreren Systemen. Automatisierungen von Prozessen

[31] Vgl. Fleischmann (2012), S. 190
[32] Vgl. Farahani u.a. (2017), S. 166
[33] Vgl. Upadhyay (2018), S. 10 ff.

ermöglichen in Kombination mit einer Echtzeitüberwachung des Betriebs flexiblere Reaktionen auf externe Anforderungen.[34]

2.2.1.2 Cognitive Computing

Der Begriff ‚Cognitive Computing' bezieht sich auf intelligente Systeme, die in ihrer Dimension lernen, mit Sinn und Zweck umzugehen und auf natürliche Weise mit Maschinen wie auch anderen intelligenten Systemen zu interagieren. Statt explizit programmiert zu werden, lernen und ‚denken' diese Systeme aus eigenen Erfahrungen innerhalb ihrer Umwelt. Fortschritte in verschiedenen wissenschaftlichen Bereichen während der letzten Jahre haben dies ermöglicht. Sie unterscheiden sich in vielerlei Hinsicht von früheren Informationssystemen. Die Entwicklung und Einführung von Cognitive Computing ist zugleich ein Prozess und ein Ergebnis einer Kombination aus maschinellen Lernalgorithmen und traditionellen Wissensmanagement, das mittels Nutzbarmachung von Durchbrüchen in neuen Technologien erweitert wurde. Das übergeordnete Ziel von Cognitive Computing ist es, die Produktivität und Kreativität von Einzelpersonen und Organisationen zu steigern.[35]

2.2.1.3 Internet der Dinge

Mit dem Internet der Dinge (engl.: Internet of Things) beginnt eine neue Phase des internetbezogenen Geschäftsbetriebs. Komplexe eingebettete Informationstechnologiesysteme, die kontinuierlich mit dem Internet verbunden sind, ermöglichen es dabei modernen Produkten, selbständig zu agieren. Eine erste große Veränderung in der Entwicklung moderner Produkte erfolgte gegen Ende des 20. Jahrhunderts mit der Entstehung des Internets, das Menschen befähigte, Objekte und Produktionsprozesse über ein globales Netzwerk aus der Ferne zu bedienen und zu steuern. Das Internet der Dinge geht einen Schritt weiter und ‚verleiht' angeschlossenen Produkten eine eigene Form der Intelligenz, die es ihnen ermöglicht, ohne menschliches Zutun zu funktionieren.[36]

2.2.2 Möglichkeiten für die digitale Transformation

Transparenz in der Lieferkette wird für Unternehmen künftig mittels Systemunterstützungen möglich sein. Vor allem in der Automobilindustrie besteht Bedarf an Visualisierung bzw. Transparenz – nicht nur hinsichtlich der Materialien, Komponenten und fertigen Produkte, sondern auch der Prozesse, Ressourcen und Leistungsfähigkeiten entlang dieses erweiterten Netzwerkes. Prozessstandardisierung und Automatisierung: Mit dem Ziel, Probleme zu eliminieren, die sich aus einer zunehmenden Anzahl von lokalen, ineffizienten Prozessen ergeben, konzentrieren sich führende Automobilzulieferer auf die Standardisierung und Automatisierung von Prozessen. Kooperationen in der Lieferkette: Um wettbewerbsfähig zu

[34] Vgl. Bujak/Esser (2017), S. 146
[35] Vgl. Demirkan (2017) S. 16 f.
[36] Vgl. Bäumer u.a. (2017), S. 435 f.

bleiben, müssen alle Teilnehmer aus der Beschaffungskette mit allen möglichen Partnern wie Kunden, Lieferanten, Logistikdienstleistern oder auch Mitbewerbern zusammenarbeiten, um für alle eine Gewinnsituation zu generieren. Innovationen und neue Geschäftsmodelle: Informationstechnologien und Privatleben verschmelzen. Besonders die Automobilzulieferer stehen vor der Herausforderung, die Funktionsweisen und die Geräte zu integrieren, die Menschen in ihrem Alltag nutzen.[37]

2.2.3 Risiken und Herausforderungen der Digitalisierung

Beschaffungs- und Betriebsleiter arbeiten in einem intensiven und schnelllebigen Umfeld. Diese Umgebung ist das Resultat einer Vielzahl an Herausforderungen, die sich aus der Globalisierung von Welthandel, Produkten und Kapital über das Internet ergeben haben. Einige dieser Herausforderungen sind folgende:[38]

- Globalisierung und weltweite Zusammenarbeit mit Kunden und Lieferanten
- Belastbarkeit und Flexibilität
- Kürzere Produktlebenszyklen und schnell wachsende Technologien, Materialien und Prozesse (zum Beispiel additive Fertigung, Internet der Dinge und Industrie 4.0)
- Nachhaltigkeit und Maßanfertigung
- Höhere Anforderungen und multidisziplinäre Kenntnisse und Kompetenzen

Im Zusammenhang mit der Komplexität der Lieferantenkette und den damit verbundenen Risiken erkannten Logistik- bzw. Beschaffungsmanager, dass die Risikofaktoren immer zahlreicher und komplexer geworden sind. Unternehmen beziehen heutige nicht selten von hunderten oder tausenden Lieferanten. Unter diesen Bedingungen sind die Auswirkungen auf das Risikomanagement deutlich größer, da das breite Spektrum der internen Risikoeigenschaften eines Unternehmens graduell bei jedem Lieferantenpartner abgebildet wird. Im Wesentlichen können Unternehmen ihr eigenes Risikopotential exponentiell erhöhen, indem sie eine kritische Abhängigkeit von risikobehafteten Lieferanten herstellen.[39]

2.2.4 Chancen und Handlungsempfehlungen

Das intelligente Versorgungsnetzwerk, in das die Fertigung integriert ist und das einen wesentlichen Bestandteil davon bildet, wird zum Kernstück der operativen Leistung, da es zu einer deutlichen Verbesserung bei Wirtschaftlichkeit wie auch Flexibilität führt, das Wachstum durch verbesserte, einzigartige Wertschöpfungsvorgaben fördert und die Produktionskapazitäten zusammen mit Kollaborationspartnern bewertet, um Kapazitätsengpässe zu bewältigen. Um die wachsende Komplexität der Versorgungskette zu bewältigen, müssen die physischen Abläufe kontinuierlich erfasst und in digitaler Form auf Plattformen

[37] Vgl. Farahani u.a. (2017), S. 158 f.
[38] Vgl. Ivanov u.a. (2017), S. 12
[39] Vgl. Ivanov u.a. (2017), S. 37

abgebildet werden. Hol-Prinzip-Prozesse oder mitarbeitergebundene Arbeitsflüsse werden in einer digital gestützten Lieferkette deutlich leichter und angepasster möglich sein.[40] Bedingt durch die digitale Transformation können sich Chancen in unterschiedlichen Bereichen ergeben. Wie dargelegt, sollte aber auch hier darauf geachtet werden, dies möglichst als Vorreiter anzugehen und umzusetzen, da der Markt immer schnelllebiger wird. Versäumt man es, sich in bestimmten Punkten durchzusetzen oder lässt sich bei der Implementierung zu viel Zeit, können die möglichen Vorteile so schnell verschwinden, wie sie entstanden sind. Eine Lieferbeschleunigung etwa kann zu Beginn einer Initiative ein Differenzierungsmerkmal im Marktwettbewerb sein und zusätzliche Gewinne bedeuten. Dennoch sollten alle Unternehmen die Risiken wie auch die Potentiale frühzeitig erkennen und nutzen. Weitere Technologien, von Big Data über Analytics bis hin zu Cognitive Computing, werden künftig die Grundlage der Geschäftsmodelle zur Berücksichtigung von Kundenwünschen und -historien sein. Kunden erwarten schnelle Reaktionen bei der Kommunikation, aber sie erwarten auch, dass den Betrieben bereits vorhandene Kundeninformationen, zum Beispiel bei Folgeaufträgen oder Beschwerden, bekannt sind und in den Antworten berücksichtigt werden.[41]

2.3 Digitalisierung in der Produktion

In diesem Unterkapitel wird die digitale Transformation in den Produktionen betrachtet und erläutert. Es wird wiederum auf die sich dadurch ergebenden Chancen sowie auf die Risiken eingegangen. In den Produktionsbereichen ist der Fortschritt der digitalen Transformation ggf. am leichtesten wahrnehmbar, da man diesen oftmals am Automatisierungsgrad erkennen kann. Industrien in Entwicklungs- und Schwellenländern sind stark auf einen hochentwickelten Herstellungsprozess angewiesen, der als Grundlage für ihren Markterfolg gilt. Dazu gehört der weitreichende Einsatz der Technologie auf unterschiedliche Weise, aber auch ihr zugehöriger automatisierter Betrieb. Im Laufe der Zeit haben sich die Motive für die Automatisierung verändert. Ausgehend von dem Ziel, die Arbeitsbelastung der Mitarbeiter zu verringern, steigerte die Automatisierung schon bald die Produktivität durch neue Verfahren bei der Produktherstellung.[42]

2.3.1 Grundlagen und Begriffserklärungen

Vorliegend werden wichtige Begriffe erklärt, die einem besseren Verständnis des darauffolgenden Bereiches dienen. Diese Begriffsdefinitionen sollen einerseits den Lesefluss fördern und andererseits allgemein mehr Einblick in die Materie geben. In diesem Fall handelt es sich um die Begriffsdefinitionen für Industrie 4.0 und intelligente Produkte.

---

[40] Vgl. Ochs/Riemann (2017), S. 260
[41] Vgl. Winkelhake, (2018), S. 34
[42] Vgl. Oks u.a. (2017), S. 29

2.3.1.1 Industrie 4.0

Der Ausdruck ‚Industrie 4.0' bedeutet, wie der Verband der Arbeitgeberverbände der Metall- und Elektroindustrie betont, eine Bündelung von verschiedenen Projekten, die vernetzt sind und einen hohen Stellenwert haben.[43] Der maßgebliche Anspruch von Industrie 4.0 besteht darin, eine neue industrielle Revolution zu ermöglichen, die durch die Weiterentwicklung der digitalen Technologien getrieben wird und alle Geschäftsbereiche erfasst. Die Verschmelzung der physischen und der virtuellen Welt mit der Anwendung computergestützter Systeme hat tiefgründige Auswirkungen auf alle Geschäftsfelder produzierender Unternehmen. Dies führt zu einer weitgehenden Individualisierung der Produktion und zu einem radikalen Wandel in der Herstellung wie auch im Vertrieb.[44]

2.3.1.2 Intelligente Produkte

Intelligente Produkte haben einzigartige Identitäten und speichern ihre Eigenschaften über ihren gesamten Lebenszyklus beispielsweise in einer webbasierten Plattform. Produktinformationen können über Identifikationen mittels Barcodes oder Transpondern abgerufen werden, um Produktionsprozesse und Maschinen zu steuern oder ein digitales Serviceheft zu implementieren. Im Gegensatz zu einer digitalen Produkthistorie können Unternehmen durch intelligente Produkte Vorteile in der Automatisierung von Prozessen der Produktion und Logistik, aber auch bei Produktretouren und Fehleranalysen generieren.[45]

2.3.2 Möglichkeiten für die digitale Transformation

Die Verfügbarkeit von weitaus mehr Daten als bislang, bedingt durch computergestützte physikalische Systeme und intelligente Produkte, bietet Unternehmen eine Vielzahl an Nutzungsszenarien – etwa vorausschauende Wartung, hybride Wertschöpfung oder auch Big-Data-Lösungen. Im Zusammenhang mit dem unternehmensübergreifenden Datenaustausch ist das Potential einer integrierten Logistik hervorzuheben. Konzepte wie Just-in-time-Produktionen und einige andere bieten neue Plattformen sowie überbetriebliche Netzwerke. Dies kann strategische Allianzen zwischen Unternehmen fördern, während gleichzeitig die Lock-in-Effekte des Marktes reduziert und stimuliert werden. Die unternehmensübergreifende Zusammenarbeit auf diesen Ebenen erfordert einen umfassenden Datenaustausch in Echtzeit.[46] Potentiell hierfür geeignete Technologien umfassen in erster Linie fortschrittliche Sensorik, die durch entsprechende Software unterstützt wird. Die bedeutendsten Sensortechnologien betreffen die industrielle Bildverarbeitung. Die 2D-Vision ist ein traditioneller Ansatz, der viele erfolgreiche Lösungen hervorgebracht hat; diese Herangehensweise wird zu einer Standardoption für Robotersysteme. Technologien der 3D-

[43] Vgl. Knaut (2017), S. 249
[44] Vgl. Ochs/Riemann (2017), S. 246
[45] Vgl. Farahani u.a. (2017), S. 167
[46] Vgl. Jenschke u.a. (2017), S. 26

Vision eröffnen indessen neuere Möglichkeiten, zum Beispiel die Steuerung in schwierigeren Umgebungen, aber auch die Möglichkeit, Daten von 3D-Oberflächen zu erfassen. Die Sensorik bietet mit entsprechender Software eine allgemein verwendbare Lösung, um die Funktion herkömmlicher produktspezifischer, mechanischer Geräte zu ersetzen. Ziel hierbei ist es, die Anzahl individueller Produktinstrumente zu reduzieren, um die gewünschte Flexibilität sowie die Fähigkeit zu erreichen, unterschiedliche Arten von Produkten mit der gleichen Ausrüstung und ohne aufwändige Einstellarbeiten zu fertigen.[47] Wenngleich die jeweiligen Technologien nicht immer ganz neu sind, geht es bei dieser Innovation um Kombinationen von Informations-, Computer-, Kommunikations- und Verbindungstechnologien. Dies bedeutet, dass der Prozess der digitalen Transformation von der Nutzung des Informationssystems begleitet wird. Des Weiteren steht nicht nur die Technologie, sondern auch die Strategie im Mittelpunkt. Die digitale Transformation im produzierenden Gewerbe betrifft sowohl Einzelpersonen (in ihrer Rolle als Nutzer und Kunde) als auch Geschäftseinheiten, Unternehmen und Unternehmensnetzwerke. Diese digitale Art der Wertschöpfung ist durch eine intensive Integration von Kunden und Lieferanten gekennzeichnet. Dabei geht die digitale Transformation weit über den technischen Prozess hinaus und spielt auch für soziotechnische Strukturen eine wichtige Rolle. Diesbezüglich unterscheidet sich ihre Einführung von derjenigen anderer neuer Technologien.[48]

2.3.3 Risiken und Herausforderung der Digitalisierung

Das Eliminieren von Arbeitsplätzen löst bei Mitarbeitern Angst aus. Trotz dieser Bedrohung könnten der strategische Einsatz von Robotern und der Automatisierung auch zum Wachstum und zur Schaffung neuer Berufsgruppen wie auch vieler neuer Arbeitsplätze führen. Der Arbeitsplatzwandel wird die stärkste Auswirkung dieser Transformation spüren, indem die Menschen künftig Seite an Seite mit Robotern arbeiten werden. Die Herausforderungen für die Handlungsträger liegen in der Auswahl, Prüfung, Implementierung sowie Realisierung dieser Technologien. Es muss auch bewertet und gewährleistet werden, dass die Umstellungen neben den Kostensenkungen in der Fertigung auch einen zusätzlichen Kundennutzen erbringen.[49] Eine weitere große Herausforderung für den Fertigungsbereich, bedingt durch die digitale Transformation, ist die Entwicklung einer allgemein akzeptierten Informationstechnologie-Infrastruktur. Diese muss einerseits eine Vielzahl an Sensoren und Aktuatoren sowie andererseits Hard- und Softwaresysteme unterstützen. Des Weiteren muss durch diese Infrastruktur die gesamte Komplexität des Systems kontrollierbar bleiben. Ein solches Gesamtsystem enthält sowohl die Sensorvorrichtungen als auch Management- und Planungssysteme, die Zugang zu Unternehmensinformationen benötigen.[50]

---

[47] Vgl. Salmi u.a. (2018), S. 26
[48] Vgl. Liere-Netheler u.a. (2018), S. 3.928
[49] Vgl, Kowalkiewicz u.a. (2017), S. 50
[50] Vgl. Jeschke u.a. (2017), S. 9

2.3.4 Chancen und Handlungsempfehlungen

Das systematische Verwalten des digitalen Fadens unter Nutzung disruptiver Technologien, etwa des Internets der Dinge und der Maschine-zu-Maschine-Kommunikation, wird beispielsweise vollständige Transparenz des Anlagenbetriebs, Fernüberwachung und Fernsteuerung sowie Echtzeitoptimierung ermöglichen. Basierend auf diesen Technologien wird das digitale Leistungsmanagement eine wichtige Rolle bei Produktionsplanung, Steuerung und Problemlösung spielen. Dies wird nicht nur innerhalb eines Werkes, sondern auch über ein globales Netzwerk von Standorten möglich sein. Die Verwaltung des digitalen Fadens von Anfang bis Ende wird auch den Informationsaustausch mit Lieferanten und Vertriebspartnern erleichtern und eine weitere betriebliche Effektivität durch Konzepte wie Echtzeitlieferantenoptimierung und datengesteuerte Nachfrageprognose ermöglichen. Das wiederum ist geeignet, die Lagererhaltungskosten zu senken und das Serviceniveau durch eine bessere Abstimmung von Angebot und Nachfrage zu verbessern.[51] Neue Fertigungs- und Automatisierungstechnologien werden die Produktivität verbessern und den Bedarf an Fremdvergaben reduzieren.[52] Eine der wichtigsten Eigenschaften automatisierter Fertigungen, die durch neue Informationstechnologien ermöglicht werden, ist das potentiell flexible Herstellen von kundenspezifischen Produkten ohne Kostenverluste. Dies kann unter anderem durch den Einsatz von 3D-Druckern ermöglicht werden, die physische Objekte erzeugen können, ohne dass Werkzeuge oder Formen angeschafft werden müssen.[53] Aufgrund der Verfügbarkeit zunehmend kleinerer, intelligenterer und kostengünstigerer Sensoren wie etwa RFID-Transponder können nahezu alle gängigen physischen Produkte wie Werkstücke, Anlagegegenstände, Verpackungen, Paletten, Container, Transportfahrzeuge, Kleidung, Accessoires und selbst der menschliche Körper mit elektronischen Gegenständen ausgestattet werden. Mithilfe dieser Transponder ist es Unternehmen möglich, die physischen Produkte zu verfolgen und jederzeit zu sehen, an welchem Ort der Lieferkette sie sich gerade befinden, wie sie in funktionieren oder wie sie genutzt werden. Diese Technologie macht es auch den jeweiligen Kunden möglich, den Fortschritt der einzelnen Prozesse annähernd in Echtzeit zu verfolgen.[54] Durch automatisch generierte Simulationsmodelle, die auf einem zentralen Server laufen und Entscheidungsunterstützung durch die Priorisierung Aktivitäten anbieten, können sich Produktionsleiter auf ihre Kernaufgaben konzentrieren, ohne sich um komplexe Datenaggregationen und Analysen kümmern zu müssen. Übergeordnetes Ziel ist es, dem Produktionsmanagement mehr Transparenz über den aktuellen Produktionsstatus und die Auswirkung unterschiedlichster Steuerungsmaßnahmen zu verschaffen. Hierdurch können Effizienzerhöhungen erreicht werden.[55]

---

[51] Vgl. McKinsey Digital (2015) [Online]
[52] Vgl. Bounfour (2016), S. 24
[53] Vgl. Poprawe u.a. (2015), S. 55
[54] Vgl. Schreckling/Steiger (2017), S. 9
[55] Vgl. Schuh u.a. (2017), S. 535

2.4 Digitalisierung von Produktionsunterstützungsprozessen

Dieser Teil der Arbeit beschäftigt sich mit der digitalen Transformation von Produktionsunterstützungsprozessen bzw. mit unterstützenden Prozessen und Bereichen für die Produktion. Hierbei wird die unternehmensinterne Produktion als Kunde betrachtet. Vorliegend wurden die Produktionsunterstützungsprozesse nicht nach Vorgaben aus der Kostenrechnung oder Buchhaltung definiert. Vielmehr steht der Begriff in der gegenständlichen Untersuchung für unterstützende Tätigkeiten und Abteilungen, die nicht direkt oder ausschließlich in der Produktion stattfinden bzw. angesiedelt sind. Beispiele dafür sind Qualitätsmanagement, Qualitätskontrolle, interne Logistik, Arbeitsvorbereitung oder auch Instandhaltung.

2.4.1 Grundlagen und Begriffserklärungen

Die vorliegenden Unterkapitel bieten ausgewählte Grundlagen und Begriffserklärungen aus dem Bereich der Digitalisierung der Produktionsunterstützungsprozesse. Es handelt sich um technische Begriffe, die wiederholt im Zusammenhang mit digitaler Transformation verwendet und genannt werden.

2.4.1.1 Enterprise-Resource-Planning

Enterprise Resource Planning integriert die Geschäftsprozesse von Abteilungsfunktionen und Abteilungen in ein einheitliches System. In Letzterem sorgen verschiedene Komponenten der Soft- und Hardware für unterschiedliche Geschäftsprozesse. Diese wiederum sind in verschiedenen Modellen gruppiert; unterschiedliche Komponenten des Enterprise Resource Planning sind so konzipiert, dass sich jede Softwarekomponente um unabhängige Modelle kümmern kann. Alle diese Module werden letztlich integriert, um dem Unternehmen einheitliche Ansichten zu ermöglichen. Das Grundkonzept der Nutzung dieses einheitlichen Systems ist die Anwendung der Unternehmensdatenbanken.[56]

2.4.1.2 Cyber-physical Systems

Cyber-physical Systems bieten neue Funktionen und Leistungsmerkmale, die auf Vernetzung basieren. Sie integrieren Selbstmanagement sowie Kommunikationsfähigkeiten und lösen damit in einer Zeit der dezentralen Entscheidungsfindung und autonomer Abläufe radikal neue Geschäftsmodelle aus. Cyber-physical Systems beinhalten anpassungsfähige Funktionen und Individualisierungsmöglichkeiten, um die Umgebung sowie die Aufgaben besser an die jeweiligen Gegebenheiten anzupassen. Sie sind in der Lage, die Konfiguration und Funktionalität während des gesamten Lebenszyklus selbst zu verwalten sowie mit den Herstellern in Verbindung zu bleiben und diesen vielfältige Informationen zur Produktoptimierung und -innovation zur Verfügung zu stellen. Die eingesetzte intelligente Steuerungstechnik ermöglicht eine autonome Produktionsanpassung auf Basis interner

---

[56] Vgl. Ganesh u.a. (2014), S. 7

oder externer Befehle in Verbindung mit reaktionsschnellen Vorhersagen dazu, an welcher Stelle in Zukunft ein Produktionssystem gewartet werden muss.[57]

2.4.1.3 Radio-Frequency-Identification (RFID)

Radio-Frequency-Identification ist eine fortschrittliche und automatische Identifizierungstechnologie, die mithilfe von Hochfrequenzsignalen Daten von in ihrem Lesebereich befindlichen Transpondern aus der Ferne erfasst. Das grundlegende Kommunikationsprinzip von RFID ist die Reflexion von Energie. Eine der ersten Anwendungen dieser Technologie war die Freund-Feind-Kennzeichnung, die von der britischen Royal Air-Force im zweiten Weltkrieg eingesetzt wurde. Das Hauptziel hierbei war die Verhinderung eines Beschusses durch eigene Truppen und das effektive Abfangen feindlicher Flugzeuge. Die Hochfrequenz ist das entscheidende Kriterium für diesen Anwendungsbereich, für den sich ein RFID-System am besten eignet. Ein typisches System dieser Art besteht aus mehreren Komponenten – darunter ein Transponder als Identifikationsvorrichtung, der am zu verfolgenden Gegenstand befestigt wird. Zudem sind ein RFID-Lesegerät und eine Antenne vorhanden. Diese Vorrichtungen müssen die RFID-Transponder erkennen und die darauf gespeicherten Informationen auslesen können.

2.4.2 Möglichkeiten für die digitale Transformation

Um langfristig die Konkurrenzfähigkeit zu gewährleisten und weiterzuwachsen, muss ein Unternehmen mit allen Stakeholdern zusammenarbeiten, etwa Mitarbeitern, Interessensgruppen und der Umwelt. Das Unternehmen muss ein Informationssystem entwerfen, das Daten sammelt und die erforderlichen Informationen für all diese Interessensgruppen bereitstellt. Dementsprechend müssen Geschäftsprozesse so organisiert sein, dass die Prozesse mit Hilfe der konzipierten Informationssysteme effizient arbeiten und die Gesamtleistung des Unternehmens verbessern. Die Geschäftsprozesse sind so organisiert, dass sie für ihre Interessengruppen einen Mehrwert schaffen, indem sie eine Strategie priorisieren, die einen höheren und schnelleren Return on Investment bietet. Diese Priorisierung stellt sicher, dass sich die Unternehmen auf ihre Ziele konzentrieren können. Da die Ressourcen begrenzt sind, werden die Bestrebungen auf bestimmte Geschäftsprozesse konzentriert, die den Interessensgruppen signifikante und schnellere Vorteile verschaffen würden. Um diese Vorgaben zu erreichen, müssen im gesamten Unternehmen Informationssysteme eingerichtet werden, die relevante Informationen zur Verfolgung und Überwachung der unterschiedlichen Prozesse liefern sollen. Diese unternehmensweiten Anwendungen helfen bei der Konzeption, Integration und Automatisierung dieser priorisierten Informationssysteme.[58] Heute basieren die meisten Entscheidungen auf dem Bauchgefühl oder der Erfahrungen von Mitarbeitern. Basierend auf den Ergebnissen der beschriebenen Datenanalyse

[57] Vgl. Ochs/Riemann (2017), S. 253 f.
[58] Vgl. Ganesh u.a. (2014), S. 1

aber werden den Mitarbeitern nun begründete Informationen zur Verfügung gestellt, um die Produktion anzupassen und die abgeleiteten Daten vom System umzusetzen. Durch Empfehlungen an den Produktionsplaner können beispielsweise Engpässe vermieden oder Aufträge mit Teilmengen verschoben werden. Mit diesen Informationen können neue Formen des Unterstützungssystems genutzt werden – zum Beispiel Tablets oder entsprechende Virtual-Reality-Komponenten –, um den Mitarbeitern und Mitarbeiterinnen Orientierungshilfen im Umgang mit spezifischen Situationen zu geben. Das Entscheidungsunterstützungssystem sollte Wahrscheinlichkeiten und simulationsbasierte Echtzeit-‚Was wäre, wenn'-Szenarien beinhalten. Entscheidungsvorschläge für die Planung, die durch die Cyber-physical Support Systems entstehen, sollten unter Betrachtung der gesamten Produktionssysteme erfolgen. Dies verhindert, dass eine Terminänderung in einem Abschnitt des Fertigungsprozesses zu einem massiven Verlust der logistischen Leistung in einem anderen Bereich führt.[59]

2.4.3 Risiken und Herausforderungen der Digitalisierung

Die vollständige Einbeziehung der Netzwerkprinzipien und damit die Nutzung des Netzwerkcharakters der Fertigung sind die Voraussetzungen, um die Besonderheiten der hochfrequenten Planungseffekte, etwa Ressourcenüberwachung und organisatorische Hektik in der Produktion, zu überwinden. Cyber-physical Production Systems und das Internet der Dinge ermöglichen es Maschinen und Anlagen, online, vernetzt und interaktiv zu agieren, was sich grundlegend von der chargenorientierten Logik der numerischen Steuerung oder jener von Fertigungssystemen unterscheidet.[60] Der Trend zum globalen Produktionsnetzwerk in der Fertigungsindustrie stellt den Informationsaustausch vor neue Herausforderungen. So können beispielsweise einige Komponenten eines Produkts in einem bestimmten Land hergestellt werden, während ein anderer Teil dieses Produkts ausgelagert und in einem anderen Land erzeugt wird. Die Endmontage des fertigen Produkts kann wiederum in einem dritten Land erfolgen, bevor es schließlich an einem anderen Ort verkauft wird. Abgesehen von der offensichtlichen Notwendigkeit der Zusammenarbeit sind die Probleme der Datenintegration und des Informationsaustauschs innerhalb des Versorgungsnetzes eine Herausforderung. Daher ist ein RFID-basiertes Informationsnetz dringend erforderlich, um die Aktivitäten des Versorgungsnetzes zu rationalisieren und ein internes Versorgungsnetz zu bilden.[61]

2.4.4 Chancen und Handlungsempfehlungen

Weltweit agierende Unternehmen stehen auch heute vor großen Herausforderungen. Der Druck, innerhalb kürzester Zeit auf Marktanforderungen zu reagieren, steigt kontinuierlich

---

[59] Vgl. Schuh (2017), S. 535
[60] Vgl. Kühnle/Bitsch (2015), S. 105
[61] Vgl. Nof u.a. (2015), S. 303 f.

und zwingt Organisationen, ihre Produkte schneller zur Verfügung zu stellen. Um in diesem Umfeld eine stabile Produktion zu gewährleisten, muss die Produktionskontrolle sowohl die bestehenden als auch die kommenden Herausforderungen bewältigen können. Als Leitfaden für diese Kontrolle müssen Datenanalysemethoden implementiert werden, um dem zu entsprechen. Im Alltag werden solche Entscheidungshilfen bereits heute eingesetzt. Sie finden sich beispielsweise in Rückfahrkamera moderner Pkw. Ein solches System prognostiziert die Fahrtrichtung des Fahrzeuges und zeigt sie je nach gewählten Lenkradwinkel im Kamerabild an.[62] Aber auch Erzeugnisse selbst lassen sich vernetzen – smarte (‚intelligente') Produkte, die Informationen über ihren Zustand und ihre Umgebung erfassen wie auch kommunizieren können. Sind sie erst mit dem Internet verbunden, werden sie zu vernetzten Produkten und damit zu einem Teil des Internets der Dinge. Letzteres ist ein neuer Markt, der Chancen für neue Produkte eröffnet. Hinsichtlich der Fähigkeit zur Produktbereitstellung wird das optimale Equipment über den gesamten Produktlebenszyklus eingesetzt. Dabei wird auf moderne computergesteuerte Technologien wie 3D-Druck zurückgegriffen, der Objekte direkt aus einem CAD-Modell herstellt. Derartige Simulationen helfen, die Leistung eines Produktes oder einer Anlage vor dem physischen Einbau oder der Implementierung zu untersuchen. Die computergestützte Simulation ist kostengünstig und effektiv. Fertigung- und Wartungseinrichtungen werden vor dem Einsatz simuliert und optimiert.[63]

2.5 Digitalisierung der Absatzseite und Kundenbetreuung

Vorliegend werden die Absatzseite, also der Verkauf, sowie die Kundenbetreuung dargestellt. Wie zuvor wird auch hier auf die Chancen und Risiken im Zusammenhang mit der digitalen Transformation eingegangen.

2.5.1 Grundlagen und Begriffserklärungen

Die nachstehenden Unterkapitel bieten ausgewählte Grundlagen und Begriffserklärungen aus dem Bereich der Digitalisierung der Absatzseite und Kundenbetreuung. Es handelt sich um ausgewählte Begriffe, welche erneut im Zusammenhang mit digitaler Transformation oftmals verwendet werden.

2.5.1.1 Customer-Relationship-Management

Der Begriff des Customer-Relationship-Managements bezeichnet ist ein umfassendes System, das Mittel und Verfahren bereitstellt, um die Erfahrung einzelner Kunden zu verbessern, so dass diese möglichst lebenslang Kunden bleiben. Es bietet sowohl technologische als auch funktionale Mittel zur Identifizierung, Erfassung und Bindung der betreffenden Personen. Customer-Relationship-Management ist sowohl ein Managementkonzept als auch

[62] Vgl. Schuh u.a. (2017), S. 535
[63] Vgl. Stark (2018), S. 43

eine Softwaretechnologie. Als Managementkonzept ist es eine Philosophie, die von Unternehmen verlangt, zu einer kundenorientierten Geschäftsmethode überzugehen. Als Technologie meint der Begriff mehrere Software-Anwendungen, die zur Verwaltung und Analyse von Verkäufen, Werbeaktionen, Preisgestaltungen und Versandprozessen verwendet werden. Sie sollen einen besseren Einblick und mehr Vertrautheit in das Kaufverhalten des Kunden bringen. Diese Systeme können entweder eigenständig oder als Teil eines Enterprise-Resource-Planning-Systems eingesetzt werden.[64]

2.5.1.2 Produktlebenszyklus-Management

Produktlebenszyklus-Management ist eine Geschäftstätigkeit, bei der die Produkte eines Unternehmens über den gesamten Produktlebenszyklus hinweg möglichst effektiv verwaltet werden – von der Idee für ein Produkt bis zu dessen Entsorgung. Das Produktlebenszyklus-Management verwaltet die gesamte Produktpalette, vom Einzelteil über das Erzeugnis selbst bis hin zum gesamten Produktportfolio. Die wesentlichen Ziele des Produktlebenszyklus-Managements sehen vor, den Produktumsatz zu steigern, die produktbezogenen Kosten zu senken, den Wert des Produktportfolios zu maximieren und den Wert aktueller und zukünftiger Produkte sowohl für den Kunden als auch für die Gesellschafter zu maximieren.[65]

2.5.2 Möglichkeiten für die digitale Transformation

Die zunehmende Verfügbarkeit von Technologien ermöglicht es Unternehmen, Daten auf Kundenebene zu sammeln wie auch zu analysieren und gleichzeitig mit Kunden zu interagieren. Im Umfeld der Unternehmen vollziehen sich schnelle Veränderungen, die die Entwicklung neuer Marktstrategien und eine Verlagerung von der Produktorientierung hin zu einem kundenorientierten Angebot erfordern. Der Markt ist durch eine stärkere Fragmentierung und zunehmende Schwierigkeiten bei der Differenzierung gekennzeichnet. Diese Veränderungen haben den Handel zu einem beziehungsbasierten und kundenorientierten Markt gemacht. Gleichzeitig gewinnen Interaktionen und Beziehungen zu einzelnen Kunden an Bedeutung. Für Unternehmen bedeutet dies, dass sie Informationen über Verbraucher sowie deren Bedürfnisse bzw. Präferenzen sammeln und analysieren sollten, was auch die Voraussetzung für die Implementierung eines Customer-Relationship-Management-System schafft.[66] Reaktionsfähigkeit und Kreativität sind von wesentlicher Bedeutung. Auch wenn es sich nicht sofort um ein völlig neues Geschäftsmodell handelt, sollte die Digitalisierung zumindest eine spürbare Effizienzsteigerung im Prozessmanagement erzielen und dazu beitragen, mehr Produkte zu verkaufen, zum Beispiel durch vertiefte Kundenkenntnisse und umfassende Auswertungen der Daten aus Sozialen Medien oder durch die

[64] Vgl. Ross (2015), S. 486
[65] Vgl. Stark (2018), S. 13
[66] Vgl. Kumar/Reinartz (2018), S. 15

Nutzung neuer digitalisierter Vertriebskanäle.[67] Innovative Technologien erschließen neue Märkte und führen zu neuen Produkten. Ohne den Einsatz moderner Technologien ist es unwahrscheinlich, dass weltweit so viele komplexe und präzise Produkte entwickelt, produziert und betreut werden könnten, wie es heute der Fall ist. Moderne Technik ermöglicht es den Menschen, ein Leistungsniveau zu erreichen, das allein mit manuellen Werkzeugen nicht zu realisieren wäre. In der Regel werden Aufgaben dabei schneller, zuverlässiger und präziser erledigt. Eine Product-Lifecycle-Management-Initiative befasst sich sowohl mit dem Produkt als auch mit den Einsatzmöglichkeiten des Produkts. Die Product-Lifecycle-Management-Strategie sollte zeigen, wie moderne Technologie in beiden Bereichen eingesetzt wird.[68]

2.5.3 Risiken und Herausforderungen der Digitalisierung

Die Digitalisierung kann in vielen Fällen zu Störungen der bestehenden Vertriebskanäle führen, indem sie es den Herstellern ermöglicht, frühere Kanäle zu verkürzen, da so der Absatzmittler eliminiert und direkter Kontakt mit den Endkunden gehalten werden kann. Dies stellt mehrere Interessensgruppen im Geschäftsfeld vor Herausforderungen, da sich bestehende Beziehungen von Kollaborationen zu unterschiedlichen Arten von Wettbewerb ändern können. Die Digitalisierung von Geschäftsmodellen bringt häufig erhebliche Veränderungen in der Vertriebsorganisation mit sich, da sich ein Vertrieb, der sich auf den Verkauf von Lösungen mit gebündelten Produkten und Dienstleistungen konzentriert, oft sehr stark von demjenigen unterscheidet, der nur Produkte offeriert, zum Beispiel Prämien und Kompetenzanforderungen.[69] Die heutigen Lieferketten erleben eine Reihe von Entwicklungen, die besondere Herausforderungen darstellen. Einige dieser Entwicklungen stellen Veränderungen innerhalb des Unternehmens dar, während andere Teil einer neuen Richtung sind, die auf globaler Ebene stattfindet. Kunden fordern heutzutage bei Produkten und Dienstleistungen sehr schnelle Lieferzeiten. Diese Forderungen verlangen nach Lieferketten, die es ermöglichen, über mehrere Kanäle und Liefersysteme innerhalb kürzester Zeit zu handeln. Das sogenannte Multichannel-Fulfillment bezieht sich dabei auf den Vertrieb von Waren über mehrere Kanäle, zum Beispiel Filialen, Vertriebshändler, Internethandel und Mobile.[70] Die Wettbewerbssituation und die schwankende Volkswirtschaft, die die heutige Welt kennzeichnen, machen es unumgänglich, Kunden langfristig gewinnbringend zu betreuen. Es ist ein dringenderes Themenfeld als je zuvor: Die Daten sind leicht verfügbar, so dass viele Unternehmen überfordert sind, und die Menge der Daten verdoppelt sich annähernd alle 18 Monate. Neue Trends wie der Aufstieg sozialer Medien und Apps kommen für die Betriebe hinzu und schaffen entsprechende Herausforderungen für das Kundenbeziehungsmanagement. Eine wichtige Entwicklung betrifft auch die Vielfalt der Kunden, mit

[67] Vgl. Winkelhake (2018), S. 1
[68] Vgl. Stark (2018), S. 42 f.
[69] Vgl. Aagaard (2019), S. 257
[70] Vgl. Ross (2015), S. 36 f.

denen die Anbieter konfrontiert sind. Auf der Basisebene wird diese Vielfalt durch die sich verändernde demographische Zusammensetzung ausgelöst, wie es in den meisten Industrieländern, von Westeuropa über die USA bis Japan, zu beobachten ist.[71]

2.5.4 Chancen und Handlungsempfehlungen

Anwendungen wie automatisierte Produktideengenerierung, virtuelle Konstruktion, digitale Fertigung, kollaborativer Produktsupport und computerunterstütztes Recycling werden in den entsprechenden Phasen des Produktlebenszyklus eingesetzt. Die Anwendungen verwalten zugleich das Produktportfolio. Durch den Einsatz von Standard-Geschäftsprozessen, -Daten und -Anwendungen können sowohl Zeit als auch Kosten eigespart werden. Ohne solche Standards wäre jeder Geschäftsprozess bzw. jede Anwendungsschnittstelle eine Fehlerquelle und doppelte Anwendungen würden zu einer Verschwendungsquelle. Die Applikationen werden über alle Standorte und den gesamten Produktlebenszyklus hinweg harmonisiert. Beispielsweise sollte es also gute Gründe geben, um an verschiedenen Standorten unterschiedliche CAD-Anwendungen oder verschiedene Versionen derselben CAD-Applikationen zu führen. Solche Unterschiede können ein Hindernis für Kommunikation und Fortschritt bedeuten.[72] Die Entwicklung der neuen Technologien und die stark gestiegene Reichweite der sozialen Medien haben zur Entwicklung einer fünften Generation von Kundenbeziehungsmanagement geführt: Das sogenannte soziale Kundenbeziehungsmanagement zeichnet sich durch die Integration des Web 2.0 und der sozialen Medien sowie die Nutzung datengetriebener Erkenntnisse zur Optimierung des gesamten Nutzererlebnisses aus. Unternehmen fördern die aktive Online-Beteiligung ihrer Kunden, während die Software-Anwendungen soziale Daten verfolgen und diese in Echtzeit nutzen. Die gewonnenen Informationen ermöglichen es Unternehmen, relevante Inhalte und personalisierte Nachrichten an individuelle Kunden zu übermitteln und damit das Kundenerlebnis an jedem Berührungspunkt während der Interaktion zu verbessern. Darüber hinaus ermöglicht die Kombination von Daten über verschiedene Kanäle und Plattformen von sozialen Medien hinweg, dass Unternehmen den Kundenwert nicht nur auf Basis der Rentabilität, sondern auch aufgrund ihres Online-Verhaltens in den Bereichen Empfehlungen, Erfahrungsaustausch und Beeinflussung anderer Mitglieder in sozialen Gemeinschaften ermitteln können.[73]

---

[71] Vgl. Kumar/Reinartz (2018), S. 5 f.
[72] Vgl. Stark (2018), S. 128 f.
[73] Vgl. Kumar/Reinartz (2018), S. 14.

3 Beantwortung der Forschungsfragen

In diesem Kapitel werden die eingangs formulierten Forschungsfragen beantwortet. Hier werden zuerst die fünf Subfragen, die zuvor definiert wurden, aufgegriffen. Anschließend wird die zentrale Forschungsfrage ausführlich erläutert.

3.1 Subfrage 1: Welche Chancen, Möglichkeiten, Risiken und Herausforderungen können sich durch die digitale Transformation bei Geschäftsprozessen ergeben?

Herausforderungen und Risken entstehen oftmals durch stark unterschiedliche Kundenbedürfnisse und die Notwendigkeit, sich an vielfältige Situationen anzupassen. Die neuen, durch die Digitalisierung verstärkten Kundenanforderungen bringen häufig Flexibilitäts- und Individualisierungswünsche mit sich. Um den hohen Anforderungen der Endkunden gerecht zu werden und diese erfüllen zu können, müssen die Unternehmen Methoden und Werkzeuge einführen, die die Kommunikation zwischen allen relevanten Beteiligten in der Wertschöpfungskette einschließlich des Endkunden verbessern. Dass Entwicklungen von Informationstechnologien nicht nur enormes Potential hinsichtlich der Steigerung der Unternehmenseffizienz und Produktivität geschaffen, sondern auch das Verständnis und den Ansatz zur Lösung alltäglicher Aufgaben verändert haben, bringt große Umstellungen für Unternehmen mit sich. Risiken können bei diesen Umstellungen beispielsweise durch falsche Verwendung neuer Technologien entstehen, indem sie inkorrekte Informationen liefern und dadurch falsche Entscheidungen getroffen werden. Deswegen sollten vor der Implementierung neuer Informationstechnologien deren Sinnhaftigkeit und die Einsatzmöglichkeit hinterfragt werden. Unternehmen sollen genau definieren und wissen, was wo wie und wann getan werden muss, um durch neue Informationstechnologien einen realen Vorteil zu generieren. Praxisbeispiele belegen, dass Organisationen bei solchen Umstellungen vorsichtig agieren müssen, da unüberlegte oder schlecht abgearbeitete Projekte nicht den gewünschten Erfolg einbrachten. Bei schlechten Planungen bzw. Umsetzungen der anfallenden Aufgaben für die Umstellung auf neue Informationstechnologien können oftmals anstelle von positiven Ergebnissen Absätze ins Stocken geraten oder ernsthafte Geschäftsprobleme auftreten. Investitionen in Informationstechnologien sind niemals zu unterschätzen – eine unzureichende und schlechte Umsetzung ist in der Praxis der häufigste Grund für deren Scheitern. Aufgrund schwieriger Informationsbeschaffung ist die Digitalisierung von Prozessentwürfen oftmals zeitintensiv. Ein hohes Risiko kann durch die Modellierung dieser Entwürfe entstehen. Widersprüche zwischen den Modellabsichten und den Implementierungen von Prozessen durch fehlende oder fehlerhafte Prozessbeschreibungen können beispielsweise falsche Umsetzungen zeitigen. Die Designer es berücksichtigen, wenn Hunderte oder Tausende von Prozessinstanzen ihre Konversationen mittels Interprozesskommunikation führen. Die Gefahr darin besteht, dass sich die Informationen kreuzen und ggf. verlorengehen.

Chancen für die Betriebe können sich oftmals ergeben, falls die strategische Planung von Informationssystemen den Hauptzielen von Unternehmen untergeordnet werden. Um die Ziele wie beispielsweise die Steigerung der Rentabilität, Gewinnen und Bindung von Kunden oder auch die Steigerung der Qualität etc. erreichen zu können, sollte durch die Maßnahmen ein prozessorientierter Ansatz des Unternehmens verfolgt werden. Bei einer Neugestaltung der Geschäftsprozesse sollte zunächst ein Überblick verschafft werden. Hierbei sind die strategischen Ziele des Unternehmens und die Bedürfnisse aller Beteiligten zu berücksichtigen. Es sollte darauf geachtet werden, dass die Technologie- sowie Informationsbedürfnisse voneinander abhängig sind. Die Einführung neuer Technologien allein führt nicht zwangsweise zu Innovationen in den Prozessen selbst. Verbesserungspotential ergibt sich auch durch Automatisierung von Rechnungsstellungen, Bestelllabwicklungen und ähnlichen Tätigkeiten. Aktivitäten wie diese, die früher manuell durchgeführt wurden, können zur Gänze automatisiert werden. Die Automatisierung dieser Handlungen und Prozesse bringt betreffenden Organisationen enorme Zeitersparungen und ermöglicht es den Mitarbeitern, diese Zeit für produktivere Tätigkeiten zu nutzen. Durchlaufzeitverkürzungen, die sich positiv auf die Erfüllung der Kundenbedürfnisse auswirken, können durch Automatisierungen von Geschäftsprozessen in unterschiedlichen Bereichen erfolgen. Informationstechnologien haben bereits in vielen Unternehmen eine bedeutende Reichweite erzielt. Die Unterstützung dieser Technologien ermöglicht es Organisationen, eine Vielzahl an Prozessen wirtschaftlich abzuwickeln, was ohne deren Einsatz oftmals nicht möglich wäre. Um die Optimierungspotentiale in den einzelnen Bereichen zu identifizieren, gibt es die Möglichkeit, jeden Prozess durch Unterstützung von Informationstechnologien zu visualisieren. Solche Darstellungen können oftmals hocheffektiv sein – sie heben die verbesserungswürdigen Abschnitte hervor und machen sie somit leicht erkennbar. Diese Möglichkeit kann sowohl für Bereiche mit vielen manuellen Tätigkeiten und Mitarbeitern als auch für Prozesse mit einem hohen Grad an Automatisierung angewendet werden. Geeignete und gut funktionierende Software-Umgebungen können in nahezu allen Bereichen Prozessunterstützungen ermöglichen.

3.2 Welche Chancen, Möglichkeiten, Risiken und Herausforderungen können sich durch die digitale Transformation in der Beschaffungskette ergeben?

Die Beschaffungsseite der Unternehmen ist ein schnelllebiges Umfeld, das eine Vielzahl an Herausforderungen mit sich bringt. Gründe dafür sind beispielsweise die Globalisierung des Welthandels, der Produkte oder des Kapitals aus dem Internet. Globalisierung fordert eine weltweite Zusammenarbeit zwischen Lieferanten und Kunden. Diesbezüglich sind Unternehmen gezwungen, Maßnahmen zu generieren, um dieser Forderung nachgehen zu können. Kürzere Produktlebenszyklen wie auch schnell wachsende Technologien, Materialien und Prozesse fordern von der Beschaffungsseite hohe Belastbarkeit und Flexibilität. Durch die steigenden Ansprüche und kundenseitig gewünschte Maßanfertigungen müssen Beschaffungs- und Betriebsleiter zukünftig über multidisziplinäre Kenntnisse und

Kompetenzen verfügen. Lieferketten weisen zunehmende Komplexität auf. Die komplizierter werdenden Beschaffungsketten verstärken auch das Risikopotential, da sich die Risikofaktoren erhöhen. Unternehmen besitzen heute hunderte oder auch tausende Lieferanten. Diese Bedingungen wirken sich signifikant auf das Risikomanagement aus, das das breite Spektrum der internen Risikoeigenschaften eines Unternehmens bei nahezu jedem Lieferanten abbilden muss. Die Gefahr hierbei ist, dass Unternehmen ggf. ihr eigenes Risikopotential exponentiell erhöhen, wenn sie eine kritische Abhängigkeit von risikobehafteten Lieferanten herstellen.

Vernetzte und intelligente Versorgungsnetzwerke, die in die Produktion integriert sind und einen wichtigen Bestandteil derselben bilden, werden zum Zentrum der operativen Leistungen. Dies führt zu enormer Verbesserung der Wirtschaftlichkeit und Flexibilität, was wiederum durch optimierte, einzigartige Wertschöpfungsvorgaben das Wachstum fördert und die Produktkapazität zusammen mit Kollaborationspartnern bewertet. Aus dieser Herangehensweise erwächst die Möglichkeit, Kapazitätsengpässe zu umgehen b leichter zu bewältigen. Um die bei den Risiken genannten Herausforderungen, die durch die wachsende Komplexität bedingt sind, in der Versorgungskette zu bewältigen, sollten die Abläufe erfasst und auf digitalen Plattformen abgebildet werden. Chancen ergeben sich auch bei den sogenannten Hol-Prinzipien bzw. mitarbeitergebundenen Arbeitsabläufen, da diese durch eine digital gestützte Lieferkette deutlich erleichtert werden. Lieferbeschleunigungen können mindestens zu Beginn einer Initiative ein Differenzierungsmerkmal im hart umkämpften Markt sowie einen zusätzlichen Gewinn bedeuten. Lieferanten können zukünftig durch neue Technologien deutlich effektiver und effizienter auf die Kunden eingehen und deren Wünsche erfüllen. Big Data, Analytics oder Cognitive Computing bilden die Grundlage für Geschäftsmodelle, die Kundenwünsche sowie Kundenhistorien verwenden. Das Abarbeiten von Folgeaufträgen oder Beschwerden kann mit Hilfe der neuen Technologien deutlich schneller verlaufen und bereits bekannte Kundeninformationen effektiver integrieren.

3.3 Welche Chancen, Möglichkeiten, Risiken und Herausforderungen können sich durch die digitale Transformation in der Produktion ergeben?

Eine große Herausforderung für Führungskräfte und Projektmanager ist die Tatsache, dass Automatisierung in operativen Bereichen Arbeitsplätze eliminieren kann, was bei Mitarbeitern oftmals Ängste auslöst. Leitende müssen für diese Gegebenheit Maßnahmen ergreifen, um die Transformation nicht zu gefährden. Fakt ist auch, dass der Einsatz von Robotern wie auch die Automatisierung zum Wachstum beitragen und neue Berufsgruppen sowie zahlreiche neue Arbeitsplätze schaffen kann. Eine Möglichkeit, um diesbezügliche Vorbehalte der Mitarbeiter mindestens abzuschwächen, besteht darin, Betreffende für diese neuen Berufsgruppen auszubilden. Im operativen Bereich wird der Arbeitsplatzwandel die stärkste Auswirkung der digitalen Transformation mit sich bringen. Zukünftig werden

Menschen gleichsam Seite an Seite mit Robotern arbeiten. Herausforderungen und Risiken für den Managementbereich entstehen hier bei der Auswahl, Prüfung, Implementierung sowie Realisierung dieser neuen Technologien. Sichergestellt und bewertet werden muss, dass die Umstrukturierungen und Umsetzungen neben Kosteneinsparungen in der Fertigung auch zusätzliche Kundennutzen mit sich bringen. Die Entwicklung einer allgemein akzeptierten Informationstechnologie-Infrastruktur für die Produktionsbereiche ist in diesem Sinne eine der größten Herausforderungen, die aus der digitale Transformation resultiert. Diese Infrastruktur muss sowohl eine Vielzahl an Sensoren und Aktuatoren als auch an Hard- und Softwaresystemen unterstützen können. Dieser komplexe Aufbau bedingt auch die Steuerbarkeit des gesamten Systems. Die Gesamtsysteme müssen den Zugang zu benötigten Unternehmensinformationen liefern; sie beinhalten Sensorvorrichtungen sowie Management- und Planungssysteme.

Disruptive Technologien wie das Internet der Dinge und Maschine-zu-Maschine-Kommunikationen ermöglichen die Verwaltung des digitalen Fadens. Mit diesen Einrichtungen ergeben sich Chancen zur Einführung einer vollständigen Transparenz des Anlagenbetriebs, der Fernüberwachung und Fernsteuerung oder auch einer Echtzeitoptimierung. Diese Technologien können in weiterer Folge eine wichtige Rolle bei Produktionsplanung, Steuerung und Problemlösung einnehmen. Des Weiteren sind die genannten Möglichkeiten für globale Netzwerke oder mehrere Standorte nutzbar. Beispiele für weitere Verbesserungspotentiale, die sich aus der Verwendung des digitalen Fadens ergeben, sind vereinfachte Kommunikation mit Lieferanten und Vertriebspartnern, Echtzeitlieferantenoptimierung, Senkung der Lagererhaltungskosten oder auch die Verbesserung des Serviceniveaus, was durch eine bessere Abstimmung von Angebot und Nachfrage ermöglicht wird. Optimierungsmöglichkeiten zur Steigerung der Produktivität ergeben sich mittels neuer Fertigungs- und Automatisierungstechnologien, die oftmals den Bedarf an Fremdvergaben reduzieren. Die hochflexible Herstellung von kundenspezifischen Produkten ohne Kostenverluste kann durch den Einsatz automatisierter Fertigungen mithilfe neuer Informationstechnologien realisiert werden. Dies wird unter anderem durch den Einsatz von 3D-Druckern ermöglicht, die physische Teile herstellen können, ohne dass Werkzeuge oder Formen angeschafft werden müssen. Intelligentere und kostengünstigere Sensoren, zum Beispiel RFID-Transponder, ermöglichen es, nahezu alle gängigen physischen Produkte wie Werkstücke, Anlagengegenstände, Verpackungen, Paletten, Container, Transportfahrzeuge, Kleidung und Accessoires oder auch den menschlichen Körper mit elektronischen Gegenstände auszustatten. Mithilfe dieser Transponder ist es Unternehmen möglich, die physischen Produkte zu verfolgen und jederzeit zu sehen, an welchem Ort sie sich gerade in der Lieferkette befinden, wie sie funktionieren oder wie sie genutzt werden. Kunden können beispielsweise durch den Einsatz dieser Technologie den Fortschritt der einzelnen Prozesse nahezu in Echtzeit verfolgen. Produktionsleiter können sich vermehrt auf ihre Kernaufgaben konzentrieren, indem automatisch generierte Simulationsmodelle verwendet werden, die auf einen zentralen Server laufen und Entscheidungsunterstützung durch die Priorisierung von Aktivitäten anbieten. Sie müssen sich dabei weder um komplexe Datenaggregationen noch um Analysen kümmern. Das Ziel ist es, dem Produktionsmanagement mehr Transparenz über den aktuellen Produktionsstatus sowie die Auswirkung unterschiedlicher Steuerungsmaßnahmen zu verschaffen. Effizienzerhöhungen können mithilfe dieses Ansatzes erreicht werden.

3.4 Welche Chancen, Risiken und Herausforderungen können sich durch die digitale Transformation bei Produktionsunterstützungsprozessen ergeben?

Um hochfrequente Planungseffekte wie beispielsweise Ressourcenüberwachung und organisatorische Hektik in der Produktion überwinden zu können, müssen Unternehmen eine vollständige Einbeziehung der Netzwerkprinzipien berücksichtigen und die damit im Zusammenhang stehende Nutzung des Netzwerkcharakters der Produktion voraussetzen. Herausforderungen entstehen durch das Internet der Dinge und Cyber-physical Production Systems, da sie es erfordern, die Anlagen und Maschinen online zu vernetzen und interaktiv zu kommunizieren. Dies unterscheidet sich grundlegend von der chargenorientierten Logik der numerischen Steuerung oder von bisherigen Fertigungssystem, was wiederum große Änderung für traditionelle Unternehmen bedeutet. Schwierigkeiten können auch aufgrund des weltweiten Trends der globalen Produktionsnetzwerke entstehen, der einen Informationsaustausch in Echtzeit fordert. Die Herausforderungen sind hierbei besonders komplex, wenn einzelne Teile in mehreren Ländern der Welt produziert werden und zuletzt in einem bestimmten Land zusammengeführt werden sollen. Die dringende Notwendigkeit einer standortübergreifenden Zusammenarbeit und Kommunikation birgt Risiken bei der Datenintegration innerhalb des Versorgungsnetzwerkes; RFID-basierte Informationsnetze sind diesbezüglich dringend notwendig bzw. gleichsam unumgänglich, um ein internes Versorgungsnetz zu bilden.

Das Implementieren von Datenanalysemethoden hilft dabei, die Vielzahl an Anforderungen zu erfüllen es schafft zusätzlich eine Kontrollmöglichkeit. Diese Entscheidungshilfen sind heute bereits im privaten Bereich im Einsatz. Ein Beispiel hierfür sind Rückfahrkameras an modernen Fahrzeugen, bei denen das System eine prognostizierte Fahrtrichtung im Kamerabild visualisiert und je nach gewählten Lenkradwinkel anpasst. Zukünftig lassen sich auch sogenannte ‚intelligente' (‚smarte') Produkte vernetzen. Sie können damit Informationen über ihren Zustand und ihre Umgebung erfassen und weiterleiten, damit sie stets visualisiert und überwachbar sind. Damit werden sie ein Teil des Internets der Dinge, sobald sie online gehen. Das Internet der Dinge ist ein neuer Markt, durch den zahlreiche innovative Produkte entstehen können. Die zukünftige Fähigkeit der Produktbereitstellung ergibt ebenfalls neuartige und vormals undenkbare Handlungsmöglichkeiten. Hier kann auf moderne computergesteuerte Technologien zurückgegriffen werden, beispielsweise auf 3D-Druck. Dabei können Teile mit Unterstützung eines integrierten oder im Netzwerk verbundenen Rechners sowie einer dazugehörigen Software direkt aus einem CAD-Modell hergestellt werden. Durch diese neuartige Möglichkeit, welche Simulationen ermöglicht, um die Leistung eines

Produktes oder einer Anlage zu untersuchen, bevor diese überhaupt physisch gebaut oder implementiert wurden, eröffnet sich den Unternehmen die Chance, deutlich effizienter arbeiten. Diese computergestützten Simulationen sind deutlich günstiger und effektiver, da die Einrichtungen vor dem Einsatz simuliert und optimiert werden können.

3.5 Welche Chancen, Möglichkeiten, Risiken und Herausforderungen können sich durch die digitale Transformation auf der Absatzseite und bei der Kundenbetreuung ergeben?

Durch die neuen Technologien werden neue Vertriebskanäle möglich, die in vielen Fällen die gewohnten Absatzmethoden stören und teilweise ersetzen werden. Die klassischen Vertriebswege werden modifiziert und ermöglichen in der Folge den Endkunden direkten Kontakt mit dem Hersteller. Infolgedessen stehen viele Geschäftsfelder und Interessensgruppen vor großen Herausforderungen, da sie die unterschiedlichsten, bestehenden Arten von Wettbewerben verändern können. Erhebliche Abpassungen wird es auf der Absatzseite auch aufgrund der Digitalisierung von Geschäftsmodellen geben müssen. Diese bringen enorme Veränderungen in der Vertriebsinteraktion mit sich. Beispielsweise werden sich Vertriebe, die Gesamtlösungen sowie gebündelte Produkte und Dienstleistungen anbieten, stark von denjenigen unterscheiden, die nur Produkte offerieren. Kunden möchten Produkte und Dienstleistungen heute innerhalb kürzester Zeit erhalten. Aufgrund dieser Haltung müssen die Unternehmen in der Lage sein, Lieferketten über mehrere Kanäle und Liefersysteme hinweg zu besitzen. Dieses sogenannte Multichannel-Fulfillment bezieht sich auf den Vertrieb von Waren über unterschiedliche Kanäle, zum Beispiel Filialen, Vertriebshändler, Internethandel oder auch Mobile. Der Anstieg der Nutzung von sozialen Medien und Apps sowie allgemein neu aufkommende Trends stellen Unternehmen vor neue Herausforderungen, mit denen sie oftmals auch aufgrund der Datenmenge überfordert sind. Zudem ergeben sich vor allem für bereits seit Längerem etablierte Unternehmen neue Gefahren durch die wachsende Vielfalt der Kunden, mit denen sie konfrontiert sind. Dies ist durch die sich wandelnde demographische Zusammensetzung bedingt und in Industriestaaten häufig zu beobachten.

Durch automatische Produktideengenerierungen, virtuelle Konstruktion, digitale Fertigung, kollaborativen Produktsupport und computerunterstütztes Recycling können während der entsprechenden Phasen des Produktlebenszyklus eingesetzt werden. Durch den Einsatz dieser Anwendungen können zudem Portfolioverwaltungen ermöglicht werden. Zeit- und Kosteneinsparrungen werden durch die Verwendung von Standard-Geschäftsprozessen, -Daten und -Anwendungen erzielt werden. Die Eliminierung von Fehlerquellen in Geschäftsprozessen wäre ohne die Einhaltung solcher Standards nahezu unmöglich. Die Applikationen werden über alle Standorte und den gesamten Produktlebenszyklus hinweg harmonisiert. Hier muss darauf geachtet werden, dass beispielswese keine unterschiedlichen CAD-Anwendungen oder verschiedene Versionen zum Einsatz kommen. Solche Unterschiede können ein Hindernis für Kommunikation und Fortschritt bedeuten. Erkenntnisse und Optimierungen des gesamten Online-Nutzererlebnisses sowie die Optimierung des sozialen Kundenbeziehungsmanagements können durch die Integration von Web 2.0 und das Bespielen sozialer Medien erreicht werden. Unternehmen fördern dabei die aktive Beteiligung ihrer Kunden, während die Software-Anwendung im Hintergrund soziale Daten verfolgt und in Echtzeit verwendet. Die resultierenden Funktionen können Unternehmen verwenden, um relevante Inhalte und personalisierte Nachrichten an Kunden zu übermitteln. Diesbezüglich können die Kundenerlebnisse an jedem Berührungspunkt während dieser Interaktion verbessert werden. Detaillierte Kundenwertermittlungen – nicht nur auf Basis der Rentabilität – können durch die Kombination von Daten über verschiedene Kanäle und Plattformen von sozialen Medien analysiert werden. Darüber hinaus können Informationen zum Online-Verhalten des jeweiligen Benutzers verwendet werden, um Empfehlungen, Erfahrungsaustausch und die Beeinflussung anderer Mitglieder in sozialen Gemeinschaften zu nutzen, um durch gezielte Maßnahmen, ihre Interaktionen zu verwenden, um Vorteile für das eigene Unternehmen zu generieren.

3.6 Welche Chancen und Risiken können sich für traditionelle Produktionsunternehmen durch die digitale Transformation ergeben?

Vorliegend werden die fünf Subforschungsfragen aus der Wertschöpfungskette zusammengefasst und die wichtigsten Erkenntnisse in Bezug auf die Forschungsfrage werden erläutert. Dabei wird vor allem auf Punkte eingegangen, die für mehrere Bereiche eines Unternehmens Chancen oder Risiken darstellen.

Das Ändern der Kundenbedürfnisse und die zukünftige Notwendigkeit, sich an verschiedenste Umgebungen anzupassen, stellt Unternehmen in allen Bereichen vor große Veränderungen und Herausforderungen. Besonders für traditionelle Marktteilnehmer ist es schwierig, die neuen Technologien, Medien und Denkmuster einzuführen. Veraltete Informationstechniken und Prozessabläufe sowie das Verständnis für neue Wege und Herangehensweisen hinsichtlich Beschaffung, Fertigung und unterstützender Prozesse bis hin zu neuen Geschäftsprozessen, Vertriebswegen und Märkten stellen auch etablierte Unternehmen vor zahlreiche Probleme, die zu bewältigen sind. Bei den Umstellungen selbst erweisen sich fehlende Ressourcen, fehlendes Wissen und nicht ausreichende bzw. schlechte Vorbereitung der Mitarbeiter auf die Umstellung als die größten Gefahren. Aufwändig zu bewältigende Herausforderungen ergeben sich durch die Globalisierung und die weltweite Zusammenarbeit zwischen Kunden und Lieferanten, die Notwendigkeit, die Flexibilität zu erhöhen, die kurzen Produktlebenszyklen oder auch die geforderte Nachhaltigkeit und Maßanfertigung. Diese Dinge können mit traditionellen Strukturen und Werkzeugen heute praktisch nicht mehr oder nur in einem geringen Maß bewältigt werden. Ein wirtschaftliches Arbeiten ohne neue Informations- oder Kommunikationstechniken sowie neuen Technologien im Fertigungsbereich, die alle Bereiche der Wertschöpfungskette unterstützen oder selbständig Aufgaben abarbeiten, ist in Zukunft faktisch unvorstellbar bzw. unmöglich. Heute sind Abwarten bzw. zu langes Zögern oftmals gefährlicher, als auf einen ‚Zug aufzuspringen' und in neue Technologien zu investieren.

Digitale Transformation bietet beinahe allen Bereichen in heutigen Unternehmen deutliche Verbesserungspotentiale. Bei der Digitalisierung selbst geht es keinesfalls nur darum, Technologien zu implementieren, die Daten digital erfassen und verwenden können. Unternehmen können bei einer gut geplanten und durchdachten Umsetzung vielmehr signifikante Vorteile generieren, um auch in Zukunft zu bestehen. Zukünftig können daher Unternehmen, die ihre digitale Transformation probat vorbereiten und umsetzen, enorm profitieren. Durch Hard- und Software-Unterstützung wird eine bislang ungekannte Transparenz erzeugt. Über die Netzanbindung aller Aufgaben, Anlagen, Maschinen und Menschen sowie deren Vernetzung entsteht ein in Echtzeit zu steuernder Betrieb. Durch die Integration von Lieferanten und Kunden können Aufträge überdies persönlicher, gezielter und auftragsgetreuer adressiert werden. Eine erfolgreiche Implementierung neuer Informationstechnologien ermöglicht ein Konzept, das sämtliche Informationen eines Produkts im Lebenszyklus festhält bzw. zur Ver- und Bearbeitung liefert. Diese Daten ermöglichen Optimierungen entlang der Wertschöpfungskette bis hin zur Kundennachbetreuung. Digitale Produkte und Zusatzleistungen, die sich aus der Digitalisierung ergeben, sind künftig eine zusätzliche Einnahmequelle für die Unternehmen. Zusätzlich zum Produkt oder einer Dienstleistung können sie etwa eine Software, eine App oder Fernwartung anbieten. Bei der Digitalisierung von Geschäftsprozessen beispielsweise lassen sich oftmals durch die einfache und effiziente Methode der Modellierung viele Fehlerquellen im Vorfeld entdecken und Maßnahmen treffen, um diese zu entschärfen oder zu eliminieren. Werden die alten Systeme und Herangehensweisen durch neue Technologien ersetzt, können daraus zahlreiche Vorteile resultieren, beispielsweise die Steigerung von Kundenzufriedenheit und Flexibilität, eine Verbesserung der Transparenz oder vereinfachte, abteilungsübergreifende Kommunikation. Auf der Beschaffungsseite können künftig oftmals Kapazitätsengpässe leichter abgewendet oder starke Komplexität bei der Beschaffung entschärft werden. In der Produktion selbst ergeben sich künftig mit neuesten Technologien, die nahezu jeden Prozess unterstützen, Vorteile wie beispielsweise die vollständige Transparenz des Anlagenbetriebes, Fernüberwachung oder auch Fernsteuerung und Echtzeitoptimierung. Mit der Integration der Produktionsunterstützungsprozesse in eine von Informationstechnologien gestützte Umgebung können diese Subprozesse bedeutend effektiver und einfacher abgewickelt werden. Hinzu kommen wichtige Aspekt wie die automatisch generierten Entscheidungshilfen für Mitarbeiter. Auf der Absatzseite bieten soziale Medien und das Web 2.0 gänzlich neue Möglichkeiten, um mit den Kunden zu kommunizieren und diese langfristig an das Unternehmen zu binden.

3.6.1 Konkrete Beispiele für mögliche Risiken

Die häufigste Ursache für das Scheitern beziehungsweise nicht optimale Umsetzung von Projekten der digitalen Transformation ist eine unzureichende oder schlechte Planung. Große Risiken entstehen auch durch Widersprüche zwischen den Modellabsichten und den implementierten Prozessen aufgrund fehlender oder fehlerhafter Prozessbeschreibungen. Auf der Beschaffungsseite wird es zunehmend komplexer, da Unternehmen heutzutage mehrere hunderte oder tausende Lieferanten besitzen und sich die Risiken eines jeden Kettengliedes auf die Organisation selbst auswirken können. Bei Mitarbeiter, vor allem im operativen Bereich, löst die zunehmende Automatisierung Angstzustände aus. Hier muss jedes Unternehmen für sich selbst definieren, wie sie die Veränderungen bestmöglich an die Mitarbeiter kommuniziert, um diese in die Umgestaltungsprozesse zu involvieren. Die Globalisierung stellt ganze Organisationen vor große Herausforderungen, welche es zu bewältigen gibt. Ein Beispiel dafür sind Endprodukte, wofür die einzelnen Bauteile in mehreren Ländern produziert werden. Hier können sich Liefer-, Qualitäts-, und kulturellen Problemen ergeben. Abgesehen von diesen offensichtlichen Problemen können bei Datenintegrationen und Informationsaustausch Schwierigkeiten entstehen.

3.6.2 Konkrete Beispiele für mögliche Chancen

Viele manuelle Tätigkeiten, welche früher sehr zeit- und kostenintensiv waren, können mittels automatisierten Prozessen teilweise zur Gänze abgeschafft werden. Dies können beispielsweise die Rechnungserstellung oder Bestellabwicklung sein. Diese optimierten und autonom laufenden Prozesse bringen den Unternehmen einerseits viel Geld ein und andererseits verschaffen sie den Mitarbeitern mehr Zeit, welche sie für produktive Aktivitäten nutzen können. Durch die Unterstützung dieser neuen Technologien können Durchlaufzeitverkürzungen in nahezu allen Geschäftsprozessen erzielt werden. Wirtschaftlichkeits- und Flexibilitätsverbesserungen können durch in die Produktion integrierten Versorgungsnetzwerke erreicht werden. Echtzeitoptimierungen, Fernsteuerungen und Fernüberwachungen sowie durchgängige Transparenz des Anlagenbetriebs werden durch eine systematische Verwaltung des digitalen Fadens und der Nutzung disruptiver Technologien ermöglicht. Diese Gegebenheit kann auch für mehrere Standorte angewandt werden. Datengesteuerte Nachfrageprognosen sowie Echtzeitlieferantenoptimierungen werden durch die genannte digitale Fadenverwaltung ermöglicht. Durch die neu entstehenden Fertigungsmöglichkeiten wird die Produktivität verbessert und die Notwendigkeit an Fremdvergaben reduziert. RIFD-Transponder, welche in oder an fast allen physischen Teilen implementiert werden können, ermöglichen Unternehmen ihre Produkte an jedem beliebigen Ort zu verfolgen, um Daten nahezu in Echtzeit zu genieren. Entscheidungsunterstützungen, welche durch die automatische Priorisierung von Aktivitäten erfolgen, können durch Simulationsmodelle eine große Abhilfe für Produktionsleiter oder Planer erbringen. Das Internet der Dinge bietet Unternehmen die Möglichkeit neue Geschäftsmodelle zu entwickeln und am Markt neben ihren Produkten, etwa eine Fernwartung, anzubieten.

4 Fazit, Ausblick und Limitationen

Dieser Teil der Arbeit beinhaltet eine Zusammenfassung sowie die wichtigsten Erkenntnisse aus den untersuchten Bereichen in Verbindung mit der Beantwortung der Forschungsfrage im Rahmen eines Fazits. Anschließend werden ein Ausblick und die Limitationen während der Erstellung dieser Arbeit besprochen.

4.1 Fazit

Ziel in dieser Ausarbeitung war es, eine möglichst einfache, zeitgemäße und übersichtliche Ausarbeitung zu verfassen, die auch Menschen ohne relevantes Vorwissen im Bereich der digitalen Transformation Grund- und Basiswissen vermittelt. Für die Erstellung wurden die Themenfelder Geschäftsprozesse, Beschaffung, Produktion, Produktionsunterstützungsprozesse sowie Absatz und Kundennachbetreuung gewählt, die entlang der Wertschöpfungskette in produzierenden Unternehmen liegen.

Die neuen Technologien, die für die Unternehmen in Zukunft überlebenswichtig sein werden, sollen sowohl für Kunden als auch für die Unternehmen selbst einen Mehrwert generieren. Neue, moderne und von Informationstechnologien gestützte Ansätze bringen grundlegende Veränderungen mit sich. Unternehmen müssen damit rechnen, dass möglicherweise langjährige Geschäftsprozesse, durch die sie groß wurden, zugunsten neuer Praktiken zu ersetzen sind, um künftig konkurrenzfähig zu bleiben.

Die unterschiedlichen Kundenbedürfnisse und die geforderte Flexibilität, die sowohl Geschäftspartner als auch Endkunden fordern, stellen Unternehmen vor große Herausforderungen. Der Prozess der digitalen Transformation muss stets gut vorbereitet, geplant und durchdacht werden. Diesbezüglich sollten die Einsatzmöglichkeiten und die gesamten Strukturen überdacht sowie die Anwendungsbereiche neuer Technologien genau ausgearbeitet und geplant werden. Bei mangelhaften Umsetzungen könnten die Absätze ins Stokken geraten oder ernsthafte Geschäftsprobleme auftreten. Die dynamische Geschäftswelt verlangt heute zunehmend hochwertigere und individualisierbare Produkte bei immer kürzeren Lieferzeiten. Daher kommen Mitarbeiter und Technologien auf der Beschaffungsseite oftmals an ihre Grenzen. Gelangt eine Komponente nicht rechtzeitig in der Produktion an, entstehen Stillstände und Ausfälle, die kompensiert werden müssen. Die Vielfalt an Lieferanten erschwert die Beschaffung; es ist nicht ungewöhnlich, dass Unternehmen heutzutage mehrere hundert oder tausend Lieferanten besitzen. In traditionellen Unternehmen ergeben sich durch eine Vielzahl an bestehenden Systemen, die isoliert und unabhängig voneinander laufen, oftmals zusätzliche Probleme. Um eine gemeinsame Lösung zu integrieren, müssen Unternehmen daher häufig einen Rückschritt vollziehen, um diese Systeme miteinander verbinden zu können. Die Unternehmen müssen zukünftig nicht nur die Geschäftsmodelle überdenken bzw. oftmals anpassen, sondern es müssen auch die

Mitarbeiter auf die Veränderungen vorbereitet werden. Hinsichtlich des Absatzmarktes entstehen hier gänzlich neue Vertriebskanäle, die die gewohnten Arbeitsmethoden erheblich stören oder ersetzen. Neue Technologien ermöglichen es den Endkunden beispielsweise, direkt mit dem Hersteller zu kommunizieren. Sie übergehen so Mittler, was noch vor wenigen Jahren als denkbar galt.

Die Digitalisierung der Geschäftsprozesse hat aufgrund des Potentials, die Produktivität zu steigern und damit Kosten einzusparen, immer mehr an Bedeutung gewonnen. Hierbei sollte man sich bemühen, von den bestehenden Prozessen abzuweichen bzw. diese zu überdenken, um neue Formen der Organisation von Aufgaben und Menschen wie auch der Nutzung von Informationstechnologien zu finden. Die Beschaffungskette kann zukünftig durch intelligente Versorgungsnetzwerke direkt in die Produktion integriert werden, was zu enormen Verbesserungen der Wirtschaftlichkeit und Flexibilität führt. Diese Herangehensweise ermöglicht es, Kapazitätsengpässe zu umgehen bzw. leichter zu kompensieren. Durch die Digitalisierung in der Beschaffungskette werden Anliegen wie die Visualisierung oder Transparenz sowohl von Materialien und Produkten als auch Prozessen, Ressourcen und Leistungen entlang des Netzwerkes möglich. Standardisierungen und Automatisierungen von Prozessen erkennen Schwierigkeiten, die sich durch ineffiziente lokale Prozesse ergeben, und können diese eliminieren. Unternehmen, die die digitale Transformation erfolgreich gestalten, können an den Produktionsstätten enorme Vorteile generieren. Hierbei wird das digitale Management eine immer wichtiger werdende Rolle einnehmen, was sich in Produktionsplanung, Steuerung und Problemlösung widerspiegeln wird. Alle genannten Möglichkeiten zur Verbesserung der bestehenden Strukturen können in Zukunft in ein globales Netzwerk von Produktionsstätten integriert werden. Neue Fertigungstechnologien und Automation können Fremdvergaben reduzieren und die Produktivität deutlich steigern. Die Zukunft bringt zudem neue, sogenannte intelligente (‚smarte') Produkte. Diese können gewünschte Daten und Information entlang ihres Lebenszyklus sammeln und weiterkommunizieren. Sie werden dadurch ein Teil des Internets der Dinge, eines neuer Marktes, in dem zahlreiche Produkte entstehen können. Neue Generationen des Kundenbeziehungsmanagements sind hauptsächlich durch soziale Netzwerke und das Web 2.0 entstanden die viele innovative Möglichkeiten bieten, um mit Kunden zu kommunizieren. Mit diesen Medien haben die Unternehmen eine Möglichkeit, online die Interaktion der Kunden zu fördern, während Software-Anwendungen soziale Daten in Echtzeit sammeln und in Echtzeit ohne Verzögerung nutzen. Diese Herangehensweise hilft dabei, die Kunden weitaus gezielter und persönlicher anzusprechen bzw. langfristig durch neue Technologien zu binden und als Stammkunden zu gewinnen.

4.2 Ausblick und Limitationen

Die Arbeit wurde, wie im Kapitel zur Methodik beschrieben, mittels Literaturrecherche ausgearbeitet und erstellt. Als schwierig erwies sich die Unterscheidung zwischen digitaler

Transformation im Allgemeinen und der digitalen Transformation für produzierende Traditionsunternehmen. Diesbezüglich mussten qualitativ hochwertige und gute Quellen, die zeitintensiv recherchiert und bezogen worden waren, wieder verworfen werden, da in den einzelnen Passagen wenig relevanter Inhalt gefunden wurde, er zu traditionellen Produktionsunternehmen passt. Zu beachten ist auch, dass diese Arbeit nur von einer Person verfasst wurde und eine mögliche Gruppenarbeit abweichende Kriterien ausgearbeitet hätte. Einen enormen Mehraufwand stellte die Tatsache dar, dass praktisch nur aktuelle Literatur verwendet werden konnte, da dieses Thema schnelllebig ist und ältere Erkenntnisse möglicherweise bereits überholt sind. Eine besondere Herausforderung stellte die selbst auferlegte Limitation dar, die Arbeit nicht technisch versiert zu verfassen, damit sie für alle Interessenten auch ohne jegliche Vorkenntnisse verständlich sein wollte. Hierbei war es besonders schwierig, bestimmte technische Begriffe, die oftmals gut in einen Satz gepasst hätten, zu umschreiben. Als schwierig stellte sich auch der gewählte Umfang heraus. Es erwies sich als komplex, die digitale Transformation entlang der fünf gewählten Bereiche der Wertschöpfungskette in einer so kurzen Arbeit niederzuschreiben. Daher konnte in keinem Bereich detailliert auf Möglichkeiten oder Methoden eingegangen werden, da zu viele unterschiedliche für jeden einzelnen Bereich vorhanden sind. Widersprüche bei den Recherchen wurden nicht gefunden, die meisten Quellen waren sehr individuell. Aufgrund der Vielfalt an Möglichkeiten haben viele Autoren andere Themenbereiche erforscht bzw. waren bei ähnlichen Themen stimmig und haben sich nicht widersprochen.

Weitere Forschungsmöglichkeiten bestehen zum Beispiel in regionalen Trennungen. Beispielsweise könnte bearbeitet werden, wie es mit der digitalen Transformation etwa in den USA, Europa oder auch Asien aussieht. Hier wäre es besonders interessant, zu ermitteln, was in welchen Ländern priorisiert wird und welche Beispiele es aus der Praxis dazu gibt. Besonders interessant wäre eine Ist-Situationsanalyse der österreichischen Unternehmen. Hier könnte gefragt werden, wie weit die dortigen Produktionsunternehmen in diesem Bereich sind. Eine solche Forschung könnte über Experteninterviews mit Personen aus den relevanten Bereichen erfolgen. Weiterhin wäre interessant, ob und wie die digitale Transformation die Denkmuster bei den Mitarbeitern und Mitarbeiterinnen verändert hat.

5 Literaturverzeichnis

Aagaard, A. (2019): Summary and Concluding Remarks, in: Aagaard, A. (Eds.), Digital Business Models. Driving Transformation and Innovation, Switzerland.

Aldred, L. (2010): Process Integration, in: Hofstede, A./Aalst, W./Adams, M./Russell, N. (Eds.), Modern Business Process Automation. YAWL and its Support Environment, Berlin.

Appelfeller, W./Feldmann,C. (2018): Die digitale Transformation des Unternehmens. Systematischer Leitfaden mit zehn Elementen zur Strukturierung und Reifegradmessung, Deutschland.

Bäumer, U./Oelffen, S/Keil, M. (2017): Internet of Things: Legal Implications for Every Business, in: Ellermann, H./Kreutter, P./Messner, W. (Eds.), The Palgrave Handbook of Managing Continuous Business Transformations, United Kingdom.

Beek, M./Ennen, M./Gräske, J./Hennig, C./Kuhlenkasper, T./Lang, K./May, J./Mohring, S./Rebenich, B./Rhode, K./Schneider, P./Stock, S./Weidmann, D. (2018): Literaturbeschaffung, in: Stock, S./Schneider, P./Peper, E./Molitor, E. (Hrsg.), Erfolgreich wissenschaftlich arbeiten. Alles was Studierende wissen sollten, 2. Auflage, Berlin.

Bock, K. (2017): Business Models in the Chemical Industry Amid a Changing Competitive Landscape, in: Franz, C./Bieger, T./Herrmann, A. (Eds.), Evolving Business Models. How CEOs Transform Traditional Companies, Switzerland.

Bounfour, A. (2016): Digital Futures, Digital Transformations. From Lean Production to Acceluction, Switzerland.

Bujak, A./ Esser, M. (2017): Outcome-Driven Transformation, in: Ellermann, H./Kreutter, P./Messner, W. (Eds.), The Palgrave Handbook of Managing Continuous Business Transformations, United Kingdom.

Demirkan, H./Earley, S./Harmon, R. (2017): Cognitive Computing, in: IEEE Computer Society, S. 16-20.

Doleski, O. (2015): Integrated Business Model. Applying the St. Gallen Management Concept to Business Models, Wiesbaden.

Dolgin, A. (2012): Manifesto of the New Economy. Institutions and Business Models of the Digital Society, Heidelberg.

Farahani, P./Meier, C./Wilke, J. (2017): Digital Supply Chain Management Agenda for the Automotive Supplier Industry, in: Oswald, G/ Kleinemeier, M., (Eds.), Shaping the Digital Enterprise. Trends and Use Cases in Digital Innovation and Transformation, Switzerland.

Fernández-Miranda, S./Marcos, M./Peralta, M./Aguayo, F. (2017): The challenge of integrating Industry 4.0 in the degree of Mechanical Engineering, in: Manufacturing Engineering Society International Conference, P. 1.229-1.236.

Fleischmann, A./Schmidt, W./Stary, C./Obermeier, S./Börger, E. (2012): Subject-Oriented Business Process Management, Heidelberg, Dordrecht, London, New York.

Ganesh, K./Mohapatra, S./Anbuudayasankar, S./Sivakumar, P. (2014): Enterprise Resource Planning. Fundamentals of Design and Implementation, Switzerland.

Gerth, C. (2013): Business Process Models. Change Management, Berlin.

Grösser, S./Reyes-Lecuona, A./Granholm, G. (Eds.) (2017): Dynamics of Long-Life Assets. From Technology Adaptation to Upgrading the Business Model, Switzerland.

Holzhauser, K./Schalla, P. (2017): Digital Transformation in Manufacturing, in: Ellermann, H./Kreutter, P./Messner, W. (Eds.), The Palgrave Handbook of Managing Continuous Business Transformations, United Kingdom.

Ivanov, D./ Tsipoulanidis, A./Schönberger, J. (2017): Global Supply Chain and Operations Management. A Decision-Oriented Introduction to the Creation of Value, Switzerland.

Jeschke, S./Brecher, C./Meisen, T./Özdemir, D./Eschert, T. (2017): Industrial Internet of Things and Cyber Manufacturing Systems, in: Jeschke, S./Brecher, C./Song, H./Rawat, D. (Eds.), Industrial Internet of Things. Cybermanufacturing Systems, Switzerland.

Kirchmer, M. (2017): High Performance Through Business Process Management. Strategy Execution in a Digital World, 3rd Edition, Switzerland.

Knaut, A. (2017): How CSR Should Understand Digitalization, in: Osburg, T./Lohrmann, C. (Eds.), Sustainability in a Digital World. New Opportunities Through New Technologies, Switzerland.

Kohnke, O. (2017): It's Not Just About Technology: The People Side of Digitalization, in: Oswald, G/ Kleinemeier, M., (Eds.), Shaping the Digital Enterprise. Trends and Use Cases in Digital Innovation and Transformation, Switzerland.

Kowalkiewicz, M./Safrudin, N./Schulze, B. (2017): The Business Consequences of a Digital Transformed Economy, in: Oswald, G/ Kleinemeier, M., (Eds.), Shaping the Digital Enterprise. Trends and Use Cases in Digital Innovation and Transformation, Switzerland.

Kumar, V./Reinartz, W. (2018): Customer Relationship Management, Concept, Strategy, and Tools, 3rd Edition, Berlin.

Kühnle, H./Bitsch, G. (2015): Foundation & Principles of Distributed Manufacturing. Elements of Networks, Cyber-Physical Production Systems and Smart Automation, Heidelberg.

Liere-Netheler, K./Packmohr, S./Vogelsang, K. (2018): Drivers of Digital Transformation in Manufacturing, in: Hawaii International Conference on System Sciences, Vol. 51, S. 3.926-3.935.

McKinsey Digital (2015): Industry 4.0, How to navigate digitalization of the manufacturing sector, URL: https://www.mckinsey.com/business-functions/operations/our-insights/industry-four-point-o-how-to-navigae-the-digitization-of-the-manufacturing-sector, Stand: 8.05.2019.

Morabito, V. (2014): Trends and Challenges in Digital Business Innovation, Switzerland.

Neubauer, M./Stary, C. (2016): Introduction, in: Neubauer, M./Stary, C. (Eds.), S-BPM in the Production Industry. A Stakeholder Approach, Switzerland.

Nof, S./Ceroni, J./Jeong, W./Moghaddam, M. (2015): Revolutionizing Collaboration through e-Work, e-Business, and e-Service, 2nd Edition, Heidelberg.

Luca, M. (2014): Business Process Reengineering, in: International Conference „Risk in Cotemporary Economy“, Vol. 15, S. 233-236.

Oberoi, R. (2013): Applying Business Process Re-Engineering to Public Sector as A New Public Management Strategy, in: Journal of Management Information Systems, Vol. 4, S. 291-304.

Ochs, T./Riemann, U. (2017): Industry. 4.0: How to Manage Transformation as the New Normal, in: Ellermann, H./Kreutter, P./Messner, W. (Eds.), The Palgrave Handbook of Managing Continuous Business Transformations, United Kingdom.

Oks, S./Fritzsche, A./Möslein, K. (2017): An Application Map for Industrial Cyber-Physical Systems, in: Jeschke, S./Brecher, C./Song, H./Rawat, D. (Eds.), Industrial Internet of Things. Cybermanufacturing Systems, Switzerland.

Poprawe, R./Hinke, C./Meiners, W./Schrage, J./Bremen, S./Merkt, S. (2015): SLM Production Systems: Recent Developments in Process Development, Machine Concepts and Component Design, in: Brecher, C. (Eds.), Advances in Production Technology, Heidelberg.

Ross, D. (2015): Distribution Planning and Control, Managing in the Era of Supply Chain Management, 3rd Edition, Heidelberg.

Salmi, T./Ahola, J./Heikkilä, T./Kilpeläinen, P./Malm, T. (2018): Human-Robot Collaboration and Sensor-Based Robots in Industrial Applications and Construction, in: Bier, H. (Eds.), Robotic Building, Switzerland.

Schallmo, D./Williams, C. (2018): Digital Transformation Now. Guiding the Successful Digitalization of Your Business Model, Switzerland.

Schreckling, E./Steiger, C. (2017): Digitalize or Drown, in: Oswald, G/ Kleinemeier, M., (Eds.), Shaping the Digital Enterprise. Trends and Use Cases in Digital Innovation and Transformation, Switzerland.

Schuh, G./Stich, V./Reuter, C./Blum, M./Brambring, F./Hempel, T./Reschke, J./Schiemann, D. (2017): Cyber Physical Production Control, in: Jeschke, S./Brecher, C./Song, H./Rawat, D. (Eds.), Industrial Internet of Things. Cybermanufacturing Systems, Switzerland.

Stark, J. (2018): Product Lifecycle Management. The Executive Summary, 3rd Edition, Switzerland.

Stary, C./Neubauer, M. (2016): Industrial Challenges, in: Neubauer, M./Stary, C. (Eds.), S-BPM in the Production Industry. A Stakeholder Approach, Switzerland.

Stojanovic, D. (2017): Digitalna Ekonomija I Transformacija Poslovnih Procesa – Izazovi I Rizici, in: Scindeks, S.80-90.

Twisselmann, U./Hilgenberg, M. (2019): Wegbereiter kognitiver Transformationen, in: Dahm, M./Thode, S. (Hrsg.), Strategie und Transformation im digitalen Zeitalter. Inspirationen für Management und Leadership, Wiesbaden.

Upadhyay, N. (2018): CABology: Value of Cloud, Analytics and Big Data Trio Wave, Singapore.

Winkelhake, U. (2018): The Digital Transformation of the Automotive Industry: Catalysts, Roadmap, Practice, Switzerland.

Lebenslauf

Persönliche Daten:

Name: Adis Šahman

Adresse: Haratzmüllerstraße 6/4
4400 Steyr

☎ +43 664 38 71 983

✉ sahman.adis83@gmail.com

Geb.: 12. November 1983

Geb.-Ort.: Jajce

Beruflicher Werdegang:

1999 – 2003: Fa. Enöckl, Termberg
Lehre als Sanitär- und Klimatechniker,
Gas- und Wasserinstallateur

Seit 2003: SKF – Österreich AG
Quality Management, Project und Support

Ausbildung:

Seit 2016: Fachhochschule Oberösterreich, Campus Steyr
Bachelorstudium Marketing und Electronic Business

Sprachkenntnisse:

Bosnisch: Muttersprache
Deutsch: Muttersprache
Englisch: Wort und Schrift

Sonstige Fähigkeiten und Ausbildungen:

Qualitätsmanagement
Projektmanagement
Six-Sigma
Six-Sigma-Green Belt
Lean Management
A3-Problem Solving

MIX
Papier | Fördert gute Waldnutzung
FSC® C083411

Kolibri 360 GmbH
Ferdinand-Jühlke-Straße 7
99095 Erfurt, Deutschland
produktsicherheit@kolibri360.de

Druck:
CPI Druckdienstleistungen GmbH
im Auftrag der
Kolibri 360 GmbH
Ferdinand-Jühlke-Str. 7
99095 Erfurt